U0288125

ECO LOGICAL

WORLD CLASSIC

Architecture

世界经典生态建筑

凤凰空间·北京 编

江苏人民出版社

图书在版编目（CIP）数据

世界经典生态建筑 / 凤凰空间·北京编. — 南京：
江苏人民出版社，2012.9
ISBN 978-7-214-08403-3

Ⅰ. ①世… Ⅱ. ①凤… Ⅲ. ①生态建筑－建筑设计－
作品集－世界 Ⅳ. ①TU206

中国版本图书馆CIP数据核字(2012)第130515号

世界经典生态建筑

凤凰空间·北京 编

策划编辑：邢　云
责任编辑：蒋卫国
责任监印：彭李君
翻　　译：武　秀
美术编辑：周　宇
出版发行：凤凰出版传媒集团
　　　　　凤凰出版传媒股份有限公司
　　　　　江苏人民出版社
　　　　　天津凤凰空间文化传媒有限公司
销售电话：022-87893668
网　　址：http://www.ifengspace.cn
集团地址：凤凰出版传媒集团（南京湖南路1号A楼 邮编：210009）
经　　销：全国新华书店
印　　刷：深圳当纳利印刷有限公司
开　　本：890 mm×1040 mm 1/16
印　　张：17.5
字　　数：140千字
版　　次：2012年9月第1版
印　　次：2012年9月第1次印刷
书　　号：ISBN 978-7-214-08403-3
定　　价：258.00元（USD 49.00）

（本书若有印装质量问题，请向发行公司调换）

序

PREFACE

美国伟大的建筑师路易斯·康（Louis I.Kahn）曾经说过："过去的事物一直存在着。现在的事物一直存在着。将来的事物一直存在着。"（What was has always been. What is has always been. What will be always been.）

在刚刚拉开帷幕的新世纪，伴随着其他种种，我们也将会看到曾经丰富的矿物燃料几近枯竭，社会终将迎来对康生态理念的拥护。这在20世纪曾是不可想象的，不过那个后现代主义（或称依赖矿物燃料）的世纪已到尽头。

那么在建筑领域中，生态元素的社会意义、人与自然之间的关系与康的认识是如何关联的呢？

"过去的事物一直存在着。"
从远古时代到不可再生的矿物燃料被发现之前，唯一可行的建筑方法对生态环境而言是非常敏感的，而且建筑的形式与材料都和本地资源密切相关，这种建筑如今被称之为"乡土"建筑。"乡土"建筑对周围环境的直接影响是巨大的，因为如果你要砍一棵树，用它在附近建造一个建筑，那么在此之前你必须考虑清楚这会对当地的环境造成怎样的影响，以及它会如何影响自然遮荫、局

部小气候、周边地区的水资源存量以及环境美学等问题。

"现在的事物一直存在着。"
伴随着19世纪和20世纪矿物燃料的发现及使用，几乎人类生活中的所有领域都发生了翻天覆地的变化，之前"一贯的方式"被改写，这其中也包括建筑领域。资本主义全球蔓延，在这股潮流中的人们一厢情愿地认为矿物燃料取用不竭，这就使得人与自然之间原本平衡的关系被扭曲了。伐木在人们眼中成为了一种牟利手段。被砍伐的木材装船运往很远的地方，而运送它们当然也需要矿物燃料，抵达之后它们被用于建造成片的房屋，这些房屋既不保温、隔热，还需要矿物燃料提供能源，而木材在建造的房屋中就像是见不得人一般，被涂上泥灰，再也不见天日。

"将来的事物一直存在着。"
21世纪初的"全球环境衰退"引发了人们经济上和生态意识上的觉醒，这很可能会从根本上改变人与自然的关系，这种改变也将会反映在建筑方面。

而今，社会认知已从过去资源无限的假想之中清醒过来，转而重视节约能源。人们意识到，其实最环保的建筑是那些已经建成的建

筑。预计到2030年（达成碳中和的目标年份），那时90%的建筑物都是今天就已经存在了的。因为建造新建筑需要耗费能源，而提升现有建筑则可以大大降低建筑环境中的碳使用量。

我们可以做一个类比：
德国推出了"旧车换现金"计划，对于那些愿意报废旧车购买节能新车的人们，政府会给予一些补贴。问题在于，在汽车制造业中，制造一辆新汽车需要的能源是那些已经在路上行驶的旧车所不需要的，这种情况在可再生能源替代碳基能源之前，将会一直存在。

摇滚乐传奇人物尼尔·杨（Neil Young）则尝试了另一种报废旧车的方式，由他发起的更换汽车引擎"Linc-Volt计划"是将他自己1959年林肯大陆的引擎更换成为高效混合动力发动机。这种做法不仅对生态环境大有裨益，它还能带动底特律的汽车工业，因为美国大多数使用矿物燃料的汽车都需要更换引擎。

这两种创新方式——对已经存在的事物进行创造性和适应性的再利用，可以作为振兴建筑学科的借鉴方法。

虽然在某些情况下，开发再利用并不可行，

PREFACE

但我们在设计新建筑时必须思考如何使其碳中和最大化。例如，施工阶段要限制能源使用；经过设计后使建筑在其生命周期中不会有额外的能量消耗。

由于20世纪生态建筑的尝试不幸背负了污名，没有受到社会大众的认可，因此后矿石时代建筑理念的推行要加入流行文化的吸引力原则。与此类似的一个例子是"海蒂·克拉姆化·勃肯风格"（Heidiklumization of Birkenstockitecture）。勃肯鞋是世界上最健康的鞋子，但是最初仅被护士和环保主义者所接受，直到这家德国公司请海蒂·克拉姆（Heidi Klum）为他们的鞋子重新构思营销方针，才扭转了局面，使产品大卖。这种鞋子已经具备了可持续性的特点，但它的"成像方式"——即公众理解它的方式，是以结果来重新定义的。

在人类文明历史中的绝大部分时间里，人们的生活要与自然相互平衡，这是存在于人类文化中不可否定的认知，只是对此的理解逐渐被人们淡忘了。矿物燃料虽然使用方便，但它已是落日西山，应对这一问题的手段之一就是生态设计。生态设计必须适应流行文化对它的期望，同时也要肩负起对环境的责任，并最终将两者以"天衣无缝"的方式糅合在一起。依赖矿物燃料建造优美建筑的方式，需要进化成为用可再生能源创造出同样或者更具魅力的建筑的设计要求。

在蔓延全球的文化资本主义中，大部分地区的生活受生态理念的影响微乎其微，而且碳使用量高的低价牛仔裤也总是从这些地区被运送到世界各地。结合当地文化、利用本土材料创建的零能耗建筑，即便不像造火箭那样的尖端科学，但它仍是当今全球建筑界最激动人心的挑战。

虽然建筑物外壳（表面）的热能优化在节能方面是最值得关注的，但是建筑师对人类健康（物质）的关怀更需要加入到环境平衡中。"地球和人类的友好共存"对建筑界来说，是一个前途远大的良机。建筑师要运用自己独特且全面的技术，通过对空间和材料的正确选择，建立起一个使用独立能源的建筑，这是用户健康快乐生活的第一步。

以上的解读方式为我们勾勒出建筑历经的所有阶段：从前矿物时代的生态平衡，再经过矿物燃料时代的不平衡，又一次进入后矿物时代的再次平衡。在这个阶段中，成功的建筑体结合了"过去"与"现在"，最终进入美好的"未来"。

Martin Despang

Dipl.Ing. Architekt BDA
Despang Architekten
Associate Professor, University of Hawaii at Manoa
马丁·德斯庞
硕士工程师
德斯庞建筑师事务所
夏威夷大学马诺亚校区副教授

CONTENTS 目录

WORLD CLASSIC ECOLOGICAL ARCHITECTURE
世界经典生态建筑

可持续的设计理念

SUSTAINABLE DESIGN

索拉里斯
SOLARIS, FUSIONOPOLIS

索拉里斯位于新加坡纬壹区中心的一个研究创业园内，是这一地区某旗舰项目的第二阶段。启汇区是信息通信技术、传媒、物理科学与工程等行业的研发中心，该中心的设立是为了促进这些领域在技术上的不断创新和商业上的不断成长。地区总体规划由扎哈·哈迪德建筑师事务所负责，并富有远见地将其定义为综合开发区。

索拉里斯已获得BCA绿色标志的白金评级，这是新加坡可持续建筑基准下（如：美国民间绿色建筑认证、GBI、绿星、英国建筑研究组织环境评价法等）可获得的最高环保认证。

建筑设计中的内在生态方式在索拉里斯项目中得到了完美的展现。处于中心位置的中庭，与生俱来就有自然通风的效果，同时它也将两栋塔楼由此分开，办公室所在的楼层可通过横跨在中庭上层的连廊相通。这栋建筑将成为纬壹社区一个充满活力的焦点：它引入了互动开放空间，创造性地利用天窗和天井实现自然通风和采光，螺旋式盘旋而上的斜坡上种满了景观植物，成为了当地公园的一个延伸，同时以生态环境来连接各个部分，将层层向上的屋顶花园与作为建筑外立面的空中露台相连。索拉里斯凭借其广泛的生态基础设施、可持续性的设计特点和创新垂直绿化概念，努力增强而不是取代场地中既有的生态系统。

建筑设计：吉隆坡汉沙杨建筑工程设计公司（T.R. Hamzah & Yeang Sdn. Bhd.）

建筑师：杨经文（Dr. Ken Yeang），米切尔·盖伯（Mitchell Gelber），以斯帖·克劳森（Esther Klausen），简·雷德斯（Jan Rehders），法伊扎·拉赫马特（Faizah Rahmat）

项目地点：新加坡，纬壹区

竣工时间：2010年

场地面积：7 734 m²

景观总面积：8 363 m²

照片版权：吉隆坡汉沙杨建筑工程设计公司（2012）

所获奖项：2009年空中绿化一等奖，新加坡建筑师和新加坡国家公园学会授予

白金级评价：2009年绿色建筑标志奖，新加坡建筑管制局授予

外墙景观坡道

长1.5 km的连续性生态围墙将建筑附近的纬壹公园、地下室生态间与楼顶的级联阶式天台花园连接起来。螺旋式上升的景观坡道最窄处为3 m，维护人员可以通过平行通道对景观植物进行长期维护，从而避免了他们工作时打扰租用内部空间的住户。通道从地面一路延伸至屋顶，经过设计，也成为了一座线性公园。景观的连续性是该项目生态设计理念的重要组成部分，为照顾到建筑内部植物景观的流动性，设计者希望在所有种植区中融合多种生物，使各种植物，物种彼此交织，从而加强生物多样性，促进生态系统的整体健康发展。坡道出挑和大量阴生植物也是建筑外立面环境综合冷却策略的一个关键因素。这种生态基础设施为大厦上层的住户提供了社交、互动和创造性的环境，使得本来是无机体的建筑和一个有机的体量合在一起，达到了一种平衡的状态。

太阳能轴

塔楼A座的上部斜轴呈倾斜放置，贯穿楼层平面对角，使得日光可以穿透建筑表层深入到内部。室内照明由控制系统中的传感器操控，当其感应到室内光源充足时就会自动关闭电灯，从而降低能源消耗。行人可以从街道上看到装有太阳能轴的景观露台，这也为建筑附近的空间增添了一道额外的风景。

生态间

位于建筑东北角的生态间是螺旋坡道与地面衔接的地方，植物、日光和自然通风正是通过这个生态间延续到地下的停车场。生态间底层是储罐和雨水收集系统的泵房。

中庭自然通风和自然照明

两个塔楼之间的公共广场可以用来举办社区活动和创意演出。这里有良好的自然通风，在

生态理念：

该建筑整体的能源消耗比起当地其他建筑，降幅超过36%，其高性能外墙的传热值（ETTV）低于39 W/m²。此外，索拉里斯还拥有超过8 000 m²的绿化景观，并引入了其他地区的植物品种。

Ecological idea:

The building's overall energy consumption represents a reduction of over 36% compared to local precedents and the high performance façade has an External Thermal Transfer Value (ETTV) of less than 39 W/m². With over 8,000 m² of landscaping, Solaris also introduces vegetation which exceeds the area of the building's original site.

鸟瞰图 AERIAL

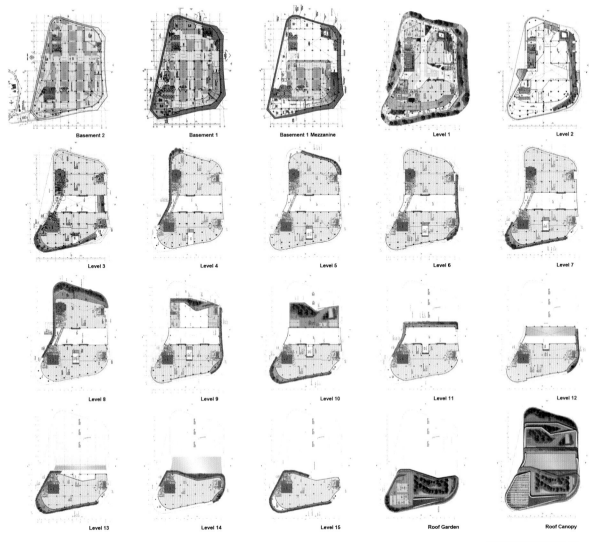

Basement 2   Basement 1   Basement 1 Mezzanine   Level 1   Level 2

Level 3   Level 4   Level 5   Level 6   Level 7

Level 8   Level 9   Level 10   Level 11   Level 12

Level 13   Level 14   Level 15   Roof Garden   Roof Canopy

楼层平面图 SUMMARY OF PLANS

需要时，中庭上方的百叶玻璃屋顶可以通过操作来加强通风效果，它同时也是保护性结构，令下方的广场具有多种用途（无空调）。中庭的热量环境和风速都通过CFD（计算流体力学）模拟进行了分析，这些研究结果应用在中庭外观设计的优化上，以达到改善空气流通、提高舒适度的目的。

小型公园和广场
地面景观和街对面的纬壹公园相连，为一层广场带来了交叉通风，也成为了当地进行社交和互动活动的场所。

遮阳百叶
该项目对当地太阳的运行轨迹进行了分析，故基于此，建筑立面在设计中充分考虑了气候这一因素。因为新加坡位于赤道之上，所以这里的太阳运行轨迹几乎是严格的东升西落。外观研究中也对此进行了分析，并由它决定出了遮阳百叶的形状和宽度。与此同时，遮阳百叶水平开启时还能起到反射光线、增大日照角度以及延长室内光线的作用。这种遮阳方式进一步降低了整个建筑的表面传热，使由低辐射双层玻璃构成的外墙导热值（ETTV）低至39 W/m²。若将建筑中的遮阳百叶连成一条线，其长度可超过10 km。螺旋景观坡道、空中花园、深出挑和遮阳百叶共同作用于建筑的微气候，使这里的居住空间舒适宜人。

屋顶花园和转角空中露台

垂直景观可以起到热缓冲器的效果，同时也提供了使人们放松身心和举办活动的空间场所。大面积的植物栽种令建筑的使用者可以与自然互动，还可以体验外部环境、享受纬壹公园全景。从螺旋上升的斜坡可以去到大楼的每个角落，而且还延伸出了两个体量中的空中露台。工程竣工后，建筑中植物栽种的总面积超过了建筑的占地面积。这是高楼绿化设计中很有趣的一道风景，95%的景观区是在地面以上的，不过这也的确是楼宇设计之中的一种可能性。

雨水收集及回收

通过大规模的雨水回收系统可对建筑中大片的园林区进行灌溉。雨水的收集方式有两种，其一是通过围墙景观坡道的落水管，另一种就是通过B座屋顶的虹吸排水系统。这两种方式收集来的雨水被分别储存在生态间下方地下室底层和屋顶水箱之中，总存储容量超过700 m³，基本上通过收集雨水这一种方式，就可以满足建筑所有植被区的灌溉用水需求。

绿色建筑白金评级

2009年9月，索拉里斯被授予绿色建筑白金评级，这一级别是新加坡可持续发展建筑基准——BCA绿标所能评定的最高级别。

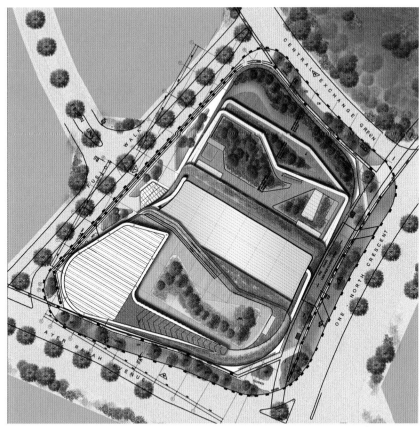

总平面图 SITE PLAN

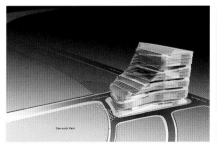

图解绿色景观坡道 GREEN RAMP DIAGRAM

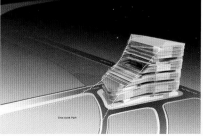

图解绿色屋顶花园 GREEN ROOF DIAGRAM

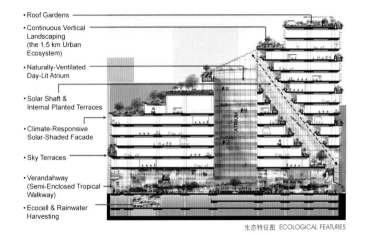

- Roof Gardens
- Continuous Vertical Landscaping (the 1.5 km Urban Ecosystem)
- Naturally-Ventilated Day-Lit Atrium
- Solar Shaft & Internal Planted Terraces
- Climate-Responsive Solar-Shaded Facade
- Sky Terraces
- Verandahway (Semi-Enclosed Tropical Walkway)
- Ecocell & Rainwater Harvesting

生态特征图 ECOLOGICAL FEATURES

CENTER FOR 可持续能源技术中心
SUSTAINABLE ENERGY TECHNOLOGIES

英国诺丁汉大学在宁波枝江区的中心地带开设了一所新校园,即可持续能源技术中心(CSET),它专注于传播可持续发展技术,如太阳能发电、光伏发电、风力发电等。中心占地面积达1 300 m²,可容纳一个游客中心、研究实验室和硕士课程教室。在校园的大片草坪中立着一座凉亭,旁边是流经整个校区的小河。

它俨然已成为一座示范性建筑,展示国家在环境、可持续建造和高效节能的内控环境方面的顶尖技术。为了尽量减少对环境的影响,设计者努力提高能源使用效率,采用可再生能源发电,并尽量使用本地材料,以减少能耗。

主体建筑的主要功能是为工作人员和研究生在新中心提供一个可持续能源技术的专业研究实验室。在这里进行研究的重点将是新能源和可再生能源系统及构成要素,其对象既包括家用建筑(住房),也包括非家用建筑(商用和公共)。同时,这座大厦也将为本土与国际工业合作伙伴协作开发和测试新技术提供相关设施。

建筑设计: 马里奥·库奇内拉建筑师事务所
(Mario Cucinella Architects)

建筑师: 马里奥·库奇内拉(Mario Cucinella),伊丽莎白·弗朗西斯(Elizabeth Francis),安杰洛·阿戈斯蒂尼(Angelo Agostini),戴维·赫希(David Hirsch)

本土设计师: 中国,宁波,NADRG,郭晓辉

项目地点: 中国,宁波

竣工时间: 2008年

面积: 1 200 m²

预算: 5 000 000 €

照片版权: 丹尼尔·多梅尼卡利(Daniele Domenicali)

总耗电量: 7~8 kWhel/(m²·a)

另外，这里还会配备一个制造车间，它与实验室设施挂钩，装有生产实验钻机等设备，并且可进行新组件的开发。大楼综合了研究工作室（教学室）、资源室、办公室、会议室和永久展览空间。其中，展览空间将成为一个沟通平台，可在此进行国内外可持续能源和建筑技术最新发展的情况交流。

低碳设计——环境设计策略

CSET大楼的设计为应对环境中每日天气和季节的变化而采用了5点环境策略：
● 高性能外壳；
● 热质外露；
● 日光及太阳能控制；
● 塔楼自然通风；
● 实验室和制造车间设置管道通风。

采用以上方式设计出的建筑，可以减少取暖、冷却和通风所需的额外能量。事实上，经过估算，这三方面的剩余负荷是非常之低的，并且这部分电量会由可再生能源提供。除此之外可再生能源还会提供计算机使用和照明的用电等。这些可再生能源包括：
● 地源热泵；
● 太阳能吸收式制冷；
● 光伏电池板。

生态理念：

项目整体的设计灵感来自中国灯笼和传统的木屏风。建筑的折叠外立面是一个充满活力的造型，非常夺人眼球。其整体覆盖着双重表皮，内层外壳为混凝土材质，外层则是玻璃。由于两种材质之间照明效果的差异，使得建筑外观从日间到夜晚也因时而异，各有不同。设计之中采用了多重环境策略：屋顶的大开口不仅给所有楼层带来了自然光，还可以使倒灌风提供冷却功能并保证自然通风。地热能源则用来冷却和加热楼板。

Ecological idea:

This design is inspired by Chinese lanterns and traditional wooden screens. The façade folds dramatically to create a dynamic shape. The building is entirely clad with a double skin, an inner envelope of concrete and an outer envelope of glass. Lighting between the two skins causes the appearance of the building to change from day to night. The design employs various environmental strategies. A large rooftop opening brings natural light to all floors of the building and allows downdraught cooling and efficient natural ventilation. Geothermal energy is used to cool and heat the floor slabs.

立体效果图 DRAWINGS

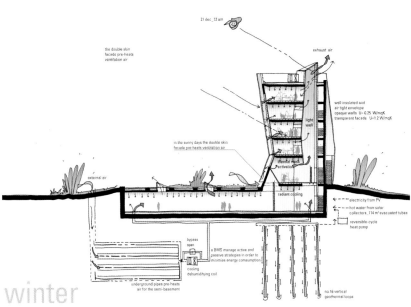

冬季能源策略图 WINTER ENERGY STRATEGIES

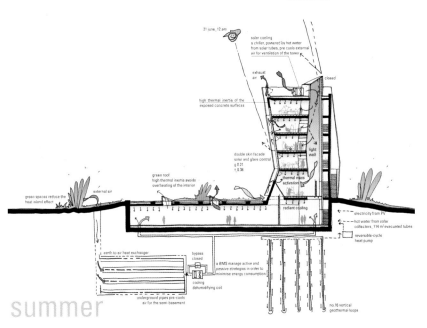

夏季能源策略图 SUMMER ENERGY STRATEGIES

建筑内部空间的配置提供了多种取暖、冷却和通风方式，称得上是替代对流式供暖和冷却系统的典型范例。可再生和可持续能源技术满足了剩余取暖和冷却的要求，而电力能源和人工照明则主要由位于建筑南面的大型光伏阵列提供。此外，这里还拥有其他可再生能源技术，包括太阳能集热器（与蒸汽吸收式制冷系统相连）、地源热泵（与楼板内的取暖和冷却线圈相连）以及风轮机（用于实验或展示）。

该项目可谓当代建筑的杰出典范，它既体现了人们即将在此进行研究和工作的渴望，还展示了可持续能源技术可对未来低碳经济做出的贡献。

取暖

天冷时，额外的热量需求来自于预热通风和（非常冷时）提高室内表面温度。此时，南立面提供可预热通风，空气来自教学室、办公室和会议室的自然对流。车间和实验室的空气补给（由风扇提供），通过地面加热管束进行预热。可逆地源热泵被用于提供"顶部"的供暖，其原理是利用内嵌在水泥地板拱腹中的线圈。

制冷

在夏季，高性能外壳和内部外露的水泥表面热容，大体上可以使室内保持凉爽。唯一的额外制冷需求就是通风预冷和（室外高温时）降低表面温度。为此，车间和实验室所提供的空气通过地面管预先冷却，然后由一台设在地下室的空气处理装置除湿及冷却。塔楼内的空气由位于屋顶的空气处理装置进行除湿和机械冷却，之后引入采光井顶部，倒灌入每层之中，并通过自然通风幕墙排出。太阳能集热器将为吸收包式制冷机供给能量，用来冷却两个空气处理机组。此外，可逆地源热泵会对水泥地板上层进行冷却。

通风

在春季和秋季，大部分空间由通风口齿轮和外围玻璃自动控制，就可以达到自然通风的目的。而在夏季，当地气候炎热且潮湿，因此需要对空气除湿并降温，这部分所需的电力将由光伏发电系统提供。

照明

建筑在设计之中尽可能利用日照，同时避免眩光和太阳能热增益。此举减少了人工照明时间，光伏（PV）太阳能系统被用于供给人工照明和小功率装置，如电脑、传真机等办公设备等。在日照处于最高值时，光伏发电系统可以提供足够的能量，保证电梯和机械通风与冷却水系统的正常运行。如能量未被用尽，多余的能量则被储存到电池中或转移到附近的体育中心。

建筑管理系统

该建筑配备的管理系统致力于优化机电装置的电力负荷及降低能源消耗。该系统可以进行集中控制并对建筑的技术设备进行信号展示，其软件允许命令自动发送到所有片区的执行机构和设备中。

主动式能源策略

● 可逆热泵（加热和冷却）+ 16个垂直地热探针。

● 114 m²真空太阳能集热器提供采暖、生活所需热水，以及太阳能制冷+除湿（与吸收式制冷机结合）。

● 位于上层（分布热量和冷气）的活跃热质在较低温度下（冬季45℃、夏季15℃）可以：即便在建筑未使用时也能储存热能；降低建筑使用的最大能量需求；提高真空太阳能集热器的性能。

被动式能源策略

● 高隔热：不透明墙U=0.25 W/(m²·K)，玻璃墙壁和天井U=1.2 W/(m²·K)。

● 太阳能和日光控制：太阳能因子=21%，光透射=38%。

● 结构体量的热惯量。

● 春秋季节的自然通风。

● 夏季和冬季不受约束的夜间冷却。

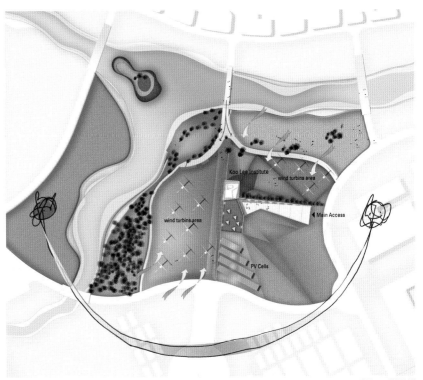

总平面图 SITE PLAN

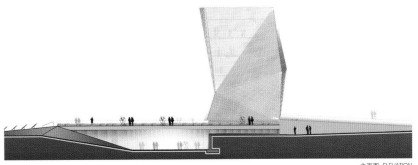

立面图 ELEVATION

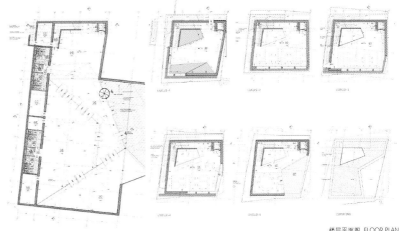

楼层平面图 FLOOR PLAN

● 主要空气：

冬季，塔楼内的主要空气由南面的双层表皮（在天气晴朗的状况下，通过直接吸收日光）或外墙周围的管道（在阴天情况下）进行预热。

夏季，塔楼内的主要空气通过屋顶上的冷却器（采用真空太阳能集热器提供能量）进行预冷，并通过自然下沉气流流经天井和办公场所。

OFFICE BUILDING
AND LOGISTIC CENTER 办公楼及物流中心

项目位于诺拉的战略工业区内，从高速公路上就可看到并能轻松地驶入这里。客户的要求之一就是将它建成高辨识度的项目——充分展示建筑的东主Giorgia&Johns时装公司的风格特点。尽管该项目极致简约，构成也并不复杂，但是其在创新、舒适、科技以及营造轻松氛围方面的价值却不可小觑。

项目的建造方式从一开始就是非常明确的：主要的问题是调研预制工业大厦的类型，努力探索和发现新的技术解决方案以保证卓越的建筑质量。大楼平面为矩形，分为两层，总面积达13 760 m²。南立面之后是超过2 000 m²的公司办公室，它也是该项目的一个重要构件。整面外壳由一系列钢筋混凝土嵌板构成，在这个长度超过97 km的立面上，布满了大小不一的菱形图案，使它自成一派。其材质的运用，很容易让人联想到巨石——高度超过7.5 m且悬挂在钢架上，并和后面外墙连接在一起。窗户是水泥板上的孔洞，通过金属折杆与它背后的外墙相连。一层的特点是大片的玻璃幕墙，正好与上层外墙的鲜明图像形成对比，引人瞩目。办公室设在建筑南侧的上下两层。一层主要区域设有接待处，员工和客户从这里去往公司的各个部门，还有营销、行政、设计、生产、零售、管理办公室及陈列室。

建筑设计：中速工作室(Modostudio)

项目地点：意大利，诺拉

建筑面积：13 760 m²

场地面积：20 235 m²

建筑成本：5 500 000 €

竣工时间：2011年

照片版权：朱利安·兰努(Julien Lanoo)，中速工作室

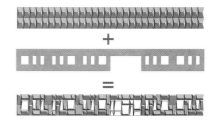

生态理念：

该项目的主要议题是对水泥施工技术及可持续解决方案相结合的可能性研究。设计构思是在建筑朝南的部分建造一个双水泥立面，这一想法对于被动式系统解决方案来说十分有效，也与项目的经济性预算相吻合。配合其他的被动式系统解决方案，该项目能够达到节约能源的效果，同时对一个预制水泥的工业建筑来说，这种做法也是非比寻常的。

Ecological idea:

The project main issue is the possibility to investigate the concrete construction technology and its possible sustainable solutions. The idea to build a double concrete façade on the south orientation has been an extremely efficient passive system solution fitting with the economical budget. Other passive system solutions make the project able to achieve energy consumption savings which are not usual for a precast concrete industrial building.

由于要确保办公室最大的灵活性，因此设计人员采用了模块化浮动地板和灯光，这使得工作场所内部布局的调整与改变成为可能。结构玻璃构成的垂直分区是要增加建筑室内的自然光。内饰材料的中性色调和亮度使气氛显得十分轻松，而且员工从办公室的窗口就能够欣赏到维苏威火山的美景，当然这都要归功于设计阶段的视觉景观研究。

办公室与11 500 m^{2}的物流区直接相连，这里能够处理的材料可以服务于超过100间的意大利和欧洲公司陈列室。

该项目希望尝试新的建筑技术解决方案及预制混凝土技术，但是这对于建筑形状是有要求的。于是建筑集合了多种元素，如钢制遮蔽物、建筑立面上的实验性纹理以及自创的混凝土三维元素，它们使建筑的风格独树一帜，虽然预算很低，但是在建筑学上的价值却不可估量。

立面设计灵感来源图 SOURCE OF INSPIRATION

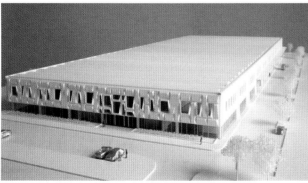

模型图 MODEL

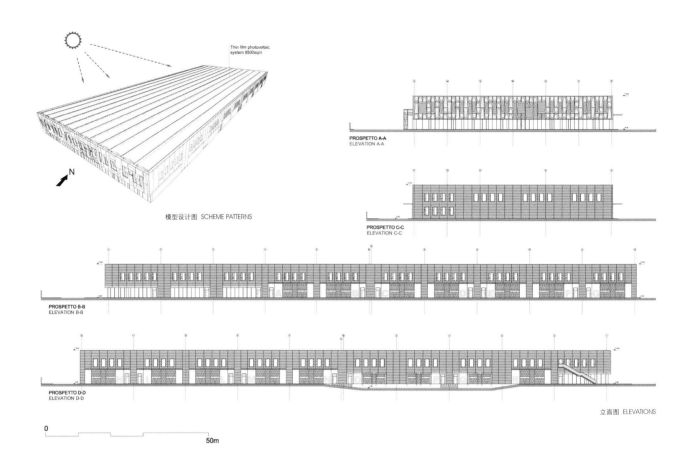

模型设计图 SCHEME PATTERNS

Thin film photovoltaic system 8500sqm

PROSPETTO A-A
ELEVATION A-A

PROSPETTO C-C
ELEVATION C-C

PROSPETTO B-B
ELEVATION B-B

PROSPETTO D-D
ELEVATION D-D

立面图 ELEVATIONS

0   50m

可持续性

此项目在环境和可持续发展方式上独辟蹊径。为了使办公区可以建在能将自然采光最大化的南侧，从一开始就确定了土地的方位。南立面，也是这座建筑最具代表性的门面，其独特的设计为办公室内部创造了一个良好的环境。一层的水泥板就如同一个双层通风表层，而且得益于该解决方案，一楼避免了夏季强烈的日照，使室内保持舒适。此外，水泥板和60 cm宽的悬挑为下层玻璃幕墙制造了阴影纳凉。这一功能主要针对夏季，因为夏季太阳处于意大利南部，太阳射线角度很高。下层立面使用中空玻璃和热铝合金型材，排放量低，从而保护室内空间远离夏季高温。

除去这些被动式系统，另有一个高科技制冷和取暖系统支持办公室温度的调节。特定热泵系统，可以让每个员工设定自己工作区域的温度。这样一来，系统可以以最低的能源需求状态轻松运行，保证了最大的灵活性。分流区安装的系统，可以使能量耗尽的空气重新加以利用，恢复制冷或取暖并将其作为新鲜空气使用。此外，在屋顶装有功率为550 kW的光伏装置。

所有这些系统都保证了这样一座预制工业大厦的能耗最小化。

1. Metal sheet carter
2. Insulated precast concrete panel
3. Pannello in cemento armato
4. Plaster ceiling
5. Wood paneling finished screwed down to metal structure.
6. Floating fool with natural rubber floor
7. Acoustic plaster ceiling
8. Air conditioning impulse grille
9. Installations lighting systems area
10. Natural finished columns
11. Double insulated glass with termal profile
12. Cantiliver roof with steel profile
13. Composite sandwich panel with tinplate finishing
14. Concrete floor with quarz finishing
15. Low emossion double insulated glass
    with steel profile curtain wall
16. Tinplate RAL 7016
17. Concrete floor with resin finishing
18. Double glass walls

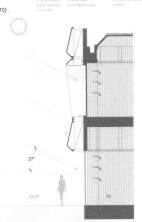
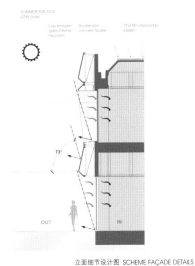

立面细节设计图 SCHEME FAÇADE DETAILS

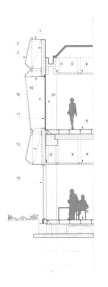
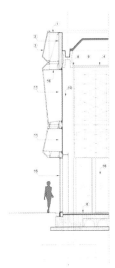
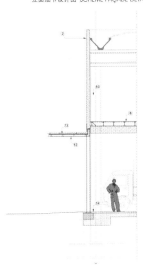

立面设计图 SCHEME FAÇADE

CO₂ - SAVER HOUSE 节能减排房屋

这栋简单的可持续性住宅就像一只"变色龙"，与位于上西里西亚拉卡湖周围的环境融为一体。木料立面与色彩缤纷的板材相结合，反映出景观的基调。纤维水泥覆层从窗户就可以看出来，透过它，位于室内的人们可以看到一幅幅乡村图景。该建筑与绝大多数生物类似，都是外部对称，而内部区域出于功能方面的考虑，被设计为非对称结构。

房子的设计形式，旨在优化对太阳能的吸收，约4/5的建筑外围结构正对着太阳。居住空间只有一层楼高，其地面铺地为未经处理的落叶松木地板。太阳通过玻璃幕墙照进天井，使地板和壤土墙充分接受照射，并将能量储存起来。位于屋顶上的太阳能集热器和光伏系统计划在未来投入使用。"黑匣子"的暗面是一个有三层结构的覆层，其中含有木炭、有色纤维水泥板，在被太阳温暖后，它可以减少散失到环境之中的热量。带有热回收系统的通风设备，既强化了被动和主动的太阳能利用概念，也增强了高标准保温隔热功能。

建筑设计：库克扎建筑师事务所（Kuczia）

建筑师：彼得·库克扎（Dr.Peter Kuczia）

项目地点：波兰，拉卡湖

场地面积：2 000 m²

居住面积：175 m²

建筑成本：95 500 €

竣工时间：2009年

照片版权：托梅克·皮库拉（Tomek Pikula），彼得·库克扎（Peter Kuczia）

所获奖项：波兰绿色建筑委员会"最佳可持续建筑（已建成项目）"竞赛一等奖（克拉考）、Eternit 竞赛一等奖（柏林）

波兰建筑师联盟授予"西里西亚最佳建筑"大奖一等奖（卡托维兹）

该项目有双重目标，其一是低生命周期成本，其二是降低建设成本，而设计也取决于此。所有的细节都非常简单，但也都是经过仔细考量后确定的。这栋房子的成本没有超过波兰当地传统住宅的一般水平，它通过对传统建筑技术的应用、使用本土材料及再生建筑元素来节约成本。此外，该项目由德国联邦环境基金会（DBU）支持建造。

节能减排房屋的先进效能是许多技术和性能汇集到一起所达成的。该项目在策略上的定位是捕捉阳光，其特色是采用了热回收系统来提高效率。这座低碳节能建筑，利用周边环境中超过180吨的再生建筑材料，并通过在场地附近的地点进行采购，同时使用本土材料，在很大程度上节约了成本和能源。

绿化屋顶提供了额外的保温和隔声功效，屋顶被设计为光电的（这里的所有部分都不会有阴影），它们的存在可以使房子做到自给自足。包裹中庭冬季花园的玻璃可以吸收太阳光，上面的太阳能热水器可以用来加热水。

房子之所以得到 "变色龙" 这样一个绰号，不仅是因为其丰富多彩的立面反映出了当地周边景观的色调（橙色、绿色和黄色是为了重现草地上鲜花盛开时的缤纷色彩），还因为它可以运用智能可持续发展设计来适应当地环境。

相对昂贵的技术往往与节能设计相互关联，它们导致了可持续发展高额的前期成本。而节能减排房屋展现出的环保住宅可以和传统住宅一样，但又不需要过多成本。

生态理念：

照进建筑室内的大量自然光线省去了建筑照明所需的灯光，同时也有益身心。

它的那些化学基础覆层很奇特，有时几个重音就可以令它持久保持某一色彩。壤土的能量活动非常低。当空气中湿度过大时，它可以收集多余的湿气，等室内过于干燥时再将它们释放。

屋顶绿化不仅有益于独立的小气候，也可以保护屋顶材质免受紫外线照射，并且降低极端温度波动对屋顶的影响。

Ecological idea:

Plenty of natural sunlight inside the building saves on energy required for lighting and as well as being good for your psyche.

When it comes to chemical based coverings, a little goes a long way. Sometimes a few accents are all it takes to make a lasting colour impression.

Loam has a very low embodied energy. It collects surplus of humidity from the air and releases it when the interior is too dry.

Green roofs are not only good for microclimate, they insulate, as well as protecting the roofing materials from UV rays and extreme temperature fluctuation.

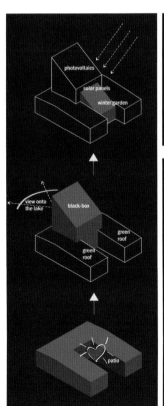

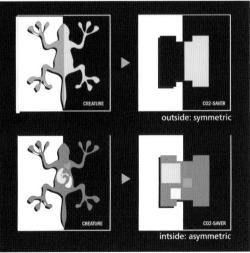

设计构成及灵感来源图 COMPOSITION

可持续性通常与当地的环境相呼应。

建筑结构：
紧凑布局；
外表面、体积比例优化和面冲太阳的朝向优化。

建筑材料：
自然材质，就地取材（运输路途短）；
部分回收、循环再利用。

传统的木材包覆（落叶松木）：
未经化学处理；
展示耗能极低；
易于维修和更换，分割且可回收。

建造：
简单；
不使用胶；
易于维修和更换，分割且可回收。

被动式太阳能系统：
被动式太阳能安全环保房屋和"黑匣子"；
被动式太阳能线束；
烟囱效应。

内衬高热质材料。

主动式太阳能系统：
太阳能热水器；
光伏电池。

高度隔热：
无热桥以及防风性能；
额外的保温窗框。

壤土墙对内部自然气候进行调节。

用大量植被做"绿化屋顶"。

直接可回收的材料。

减少使用高热体量的地面施工（抛光混凝土）。

通风中的能量回收。

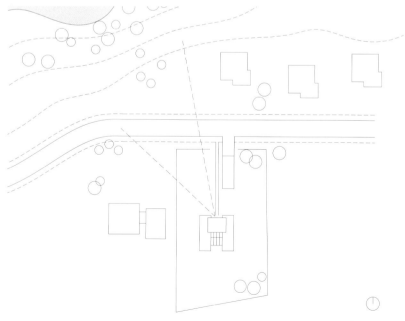

总平面图 SITE PLAN

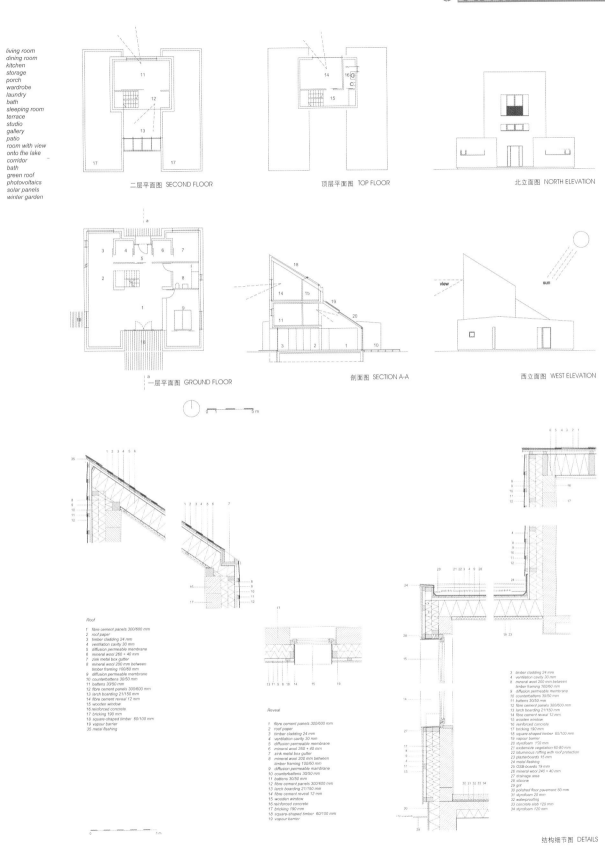

1   living room
2   dining room
3   kitchen
4   storage
5   porch
6   wardrobe
7   laundry
8   bath
9   sleeping room
10 terrace
11 studio
12 gallery
13 patio
14 room with view
    onto the lake
15 corridor
16 bath
17 green roof
18 photovoltaics
19 solar panels
20 winter garden

二层平面图 SECOND FLOOR

顶层平面图 TOP FLOOR

北立面图 NORTH ELEVATION

一层平面图 GROUND FLOOR

剖面图 SECTION A-A

西立面图 WEST ELEVATION

view

sun

Roof

1   fibre cement panels 300/600 mm
2   roof paper
3   timber cladding 24 mm
4   ventilation cavity 30 mm
5   diffusion permeable membrane
6   mineral wool 260 + 40 mm
7   zink metal box gutter
8   mineral wool 200 mm between
    timber framing 100/60 mm
9   diffusion permeable membrane
10 counterbattens 30/50 mm
11 battens 30/50 mm
12 fibre cement panels 300/600 mm
13 larch boarding 21/150 mm
14 fibre cement reveal 12 mm
15 wooden window
16 reinforced concrete
17 bricking 190 mm
18 square-shaped timber 60/100 mm
19 vapour barrier
35 metal flashing

Reveal

1   fibre cement panels 300/600 mm
2   roof paper
3   timber cladding 24 mm
4   ventilation cavity 30 mm
5   diffusion permeable membrane
6   mineral wool 260 + 40 mm
7   zink metal box gutter
8   mineral wool 200 mm between
    timber framing 100/60 mm
9   diffusion permeable membrane
10 counterbattens 30/50 mm
11 battens 30/50 mm
12 fibre cement panels 300/600 mm
13 larch boarding 21/150 mm
14 fibre cement reveal 12 mm
15 wooden window
16 reinforced concrete
17 bricking 190 mm
18 square-shaped timber 60/100 mm
19 vapour barrier

3   timber cladding 24 mm
4   ventilation cavity 30 mm
6   mineral wool 200 mm between
    timber framing 100/60 mm
9   diffusion permeable membrane
10 counterbattens 30/50 mm
11 battens 30/50 mm
12 fibre cement panels 300/600 mm
13 larch boarding 21/150 mm
14 fibre cement reveal 12 mm
15 wooden window
16 reinforced concrete
17 bricking 190 mm
19 vapour barrier
20 styrofoam 150 mm
21 extensive vegetation 60-80 mm
22 bituminous roffing with roof protection
23 plasterboards 15 mm
24 metal flashing
25 OSB-boards 19 mm
26 mineral wool 240 + 40 mm
27 drainage area
28 grit
29 grit
30 polished floor pavement 80 mm
31 styrofoam 20 mm
32 waterproofing
33 concrete slab 120 mm
34 styrofoam 120 mm

结构细节图 DETAILS

切诺基混合使用阁楼
CHEROKEE MIXED-USE LOFTS

切诺基混合使用阁楼是一种集城市的填充物、混合使用和市场利率于一身的住房项目。建筑受到英国艺术家帕特里克·休斯（Patrick Hughes）的系列画作"透视"的启发，因为他的作品画面看起来就像在不断地变化和进行着物理移动。在切诺基这个项目中，主要的特色是建筑使用者可以控制的双层幕墙系统。

切诺基是在好莱坞认证的第一个LEED（领先能源与环境设计）白金（待定）的建筑，是第一个在南加州建设的LEED白金认证的混合使用（或市场利率多户家庭）项目。建筑物本身区别于最传统的开发项目，它采用节能措施和超标准的做法优化建筑性能，并确保在建设和使用的各个阶段都尽量减少能源的使用。切诺基阁楼的规划和设计来自于对被动式设计策略的思考和应用。

这些设计策略包括：合理确定建筑位置及朝向，以控制日照引起的制冷负担；调整建筑形状和朝向，使建筑面向主导风向开敞，引入浮力作用进行自然通风；为最大化利用日光设计窗户，南向窗采取遮阳措施，尽量减少西向窗的面积，通过窗户设计强化自然通风；采用低流量装置管理储存雨水；对室内进行规划和调整以加强日照和自然风气流的分布。仅这些被动式设计手段就使得这座建筑的热效率比加利福尼亚法规第24条和类似结构的传统项目高40%。

建筑设计：Brooks + Scarpa建筑事务所（原Pugh + Scarpa）

建筑师：劳伦斯·斯卡帕（Lawrence Scarpa），斯蒂芬妮·埃里克森（Stephanie Ericson），安吉拉布鲁斯（Angela Brooks），西尔克·克莱门斯（Silke Clemens），约书亚·霍威尔（Joshua Howell），青鲁克（Ching Luk），查尔斯·奥斯汀（Charles Austin），格温·普格（Gwynne Pugh）

项目地点：美国，加利福尼亚州，洛杉矶

总面积：2973 m²

建筑成本：6250000 $

竣工时间：2010年

照片版权：约翰·爱德华·林登（John Edward Linden），塔拉·乌加克（Tara Wujcik）

所获奖项：2011年美国建筑协会CC优秀建筑奖

2011年麦托麦格建筑奖，住宅及绿色建筑类

2011年美国建筑师协会科特，十大绿色建筑项目

2010年美国建筑师协会洛杉矶设计荣誉奖

2010年洛杉矶商会建筑奖，市场利率多户住宅类

2010年慢速住宅奖，洛杉矶最佳公寓、阁楼设计

生态理念：

切诺基项目节能效率高出美国最严格的节能规范——加利福尼亚州第24条的40%之多。先进的可变频冷却和暖气舒适系统普最先在加拿大2010奥运村中使用，其冷却/加热地板、屋顶和墙面，创造了一个对呼吸系统、皮肤、总体健康状况、舒适度和节能效率来说，都完全舒适的温度环境。项目主要采用被动式太阳能设计措施和恰当的建筑朝向，利用两个建筑结构之间的中央庭院，在两侧单元都引入日光和遮阳，同时允许主导风能够充分地经过住宅单元从而达到自然通风。绿色屋顶为住户提供绿化的同时，可以使建筑得到更好的隔热效果，包括冷却空气和减少雨水径流。

该项目通过双阀马桶、高效的管道装置、热水循环泵和耐旱的植物来达到节水效果。所有的雨水径流都通过位于地下公共空间的集水盆处收集，这也是洛杉矶城市首次采用这样雨水系统的建筑。

一个30 kW太阳能光伏发电系统为所有的公共区域提供电力，并且承担建筑物内11.5%的供暖和热水负荷。

该项目充分采用了绿色材料和产品，这些材料可以循环和再生，并且低挥发或不含有机挥发物。

Ecological idea:

Cherokee is 40% more energy efficient than California's Title 24, the most demanding energy code in the United States.

Advanced VFR Cooling and Heating Comfort System, which was used in Canada's new 2010 Olympic Village, cools and warms floors, ceilings and walls to create a perfectly temperate environment better for respiratory systems, skin, overall health, comfort and energy efficiency.

Passive solar design strategies and proper building orientation, using the central courtyard between the two residential structures, allows for day lighting on both sides of every unit and shading, while allowing prevailing breezes to fully pass through the units for natural ventilation.

Green Roof provides greenery for occupants to enjoy while keeping the building better insulated, cleaning the air, and reducing storm water runoff.

Water Conservation is accomplished with dual flush toilets, efficient plumbing fixtures, hot water circulators and drought tolerate landscaping. All stormwater runoff is collected in a underground retention basin located in the public right-of-way, the first such stormwater system in the city of Los Angeles.

A 30kW PV solar system powers all common area electrical loads and approximately 11.5% of the heating and hot water needs for the building.

The building is located within walking distance to many neighborhood community needs and services and scores "Walker's Paradise" (94 out of 100) on walkscore.com.

Green Materials and Products used throughout are recycled, renewable, and contain low or no VOCS.

环境因素

正立面设计采用一系列水射流切割铝合金窗纱，使得白天较早的阳光可以经过滤进入正面的单元。建筑物形状的设计可以捕捉主导风向以及过滤日照，并通过一个四层楼高的穿孔镀锌丝网遮挡通向两个内部庭院的阳光。大部分的单元在相对的墙面上设有窗户，以促进对流通风。建筑整体全面应用了低流量装置。在墙体中使用R21隔热材料，屋顶中为R30隔热材料。还使用了无挥发性有机的涂层和面层、可循环填充材料和100%森林管理委员会（FSC）认证的木材。拆建物料的80%为可回收材料。绿色屋顶和位于公共产权空间的雨水集水盆及水处理系统可以收集并处理在基地内的所有降水。这些措施最终形成了在被动式太阳能系统和机械舒适系统之间精细的平衡。

材料和资源

主要的材料选择了含有回收成分的材料：地毯有25%回收成分，石膏板有31%的回收成分和26%的可循环成分，混凝土含有至少25%的粉煤灰材料，建筑隔热采用至少20%的回收碎玻璃和无甲醛石膏板。

所有的涂层均采用低挥发涂料。公共区域的室内地板面层为密封素混凝土板或者森林管理委员会认证的木材。在需要油漆涂层的位置，指定采用了一种高品质的油漆系统，尽可能让水泥板保持原样，不作过多粉饰，且外部的灰泥材质代替了涂料，显示出天然

View from Fairfax Ave.

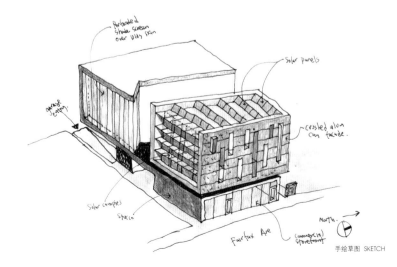

手绘草图 SKETCH

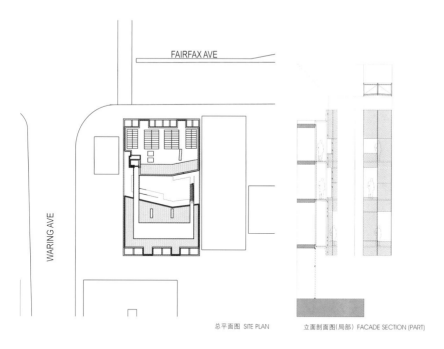

总平面图 SITE PLAN　　立面剖面图(局部) FACADE SECTION (PART)

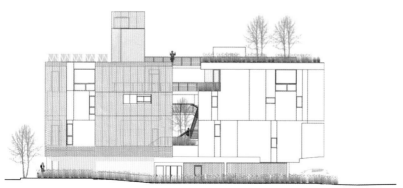

北立面图 NORTH ELEVATION

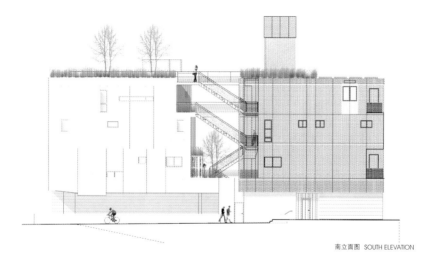

南立面图 SOUTH ELEVATION

的色调。正立面室外金属板有一种阳极氧化铝的颜色，将来也不需要任何涂层或处理。项目整体的可循环比例为80%。

可再生能源效率

- 设计比加利福尼亚第24条节能法规节能高40%以上；
- 京瓷集团提供的30 kW太阳能发电板；
- 博世公司提供的星级节能冰箱和洗碗机；
- 为每个单元提供电瓶车充电能力；
- Noritz提供的最高品质EF83无水箱热水器；
- 三菱公司提供的变频流速加热和空调系统；
- 设计注重优化自然采光和通风；
- 通力公司提供的高效电梯（运行功率相当于一个电吹风）；
- 策略性使用LED灯高效照明；
- 喷涂式隔热保温材料保障优异的建筑能效；
- 反射式低温屋顶和活体绿化屋顶减少能耗；
- 50% 的车库采用自然通风。

节水措施

- 东陶公司生产的双阀马桶；
- 汉斯·格雅提供的节水配件；
- 采用有史以来第一次使用的在人行道渗透系统渗透装置减少雨水径流；
- 减少的垃圾填埋量超过80%；
- 低用水、耐旱景观植物；
- 开创并示范使用了生物柴油运行的设备（再生餐厅油）；
- 所有结构木材经过无毒处理可以抵抗白蚁和霉菌；
- 屋顶绿化与雨水收集。

环保材料

- 第一工作室提供的采自再生林的野生黑胡桃木；
- 埃林·亚当斯工作室设计，沃克赞格提供的再生贴砖；
- 尽量使用最大程度可以回收的材料以及当地生产的产品；
- 使用森林管理委员会（简称FSC）认可的项目地板、橱柜和结构用木材；
- 喷涂式多孔隔热保温材料98%可回收；

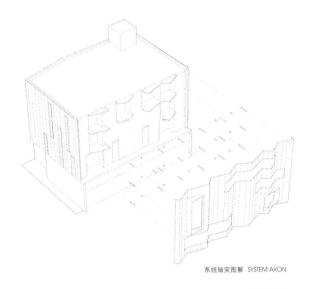

系统轴突图解 SYSTEM AXON

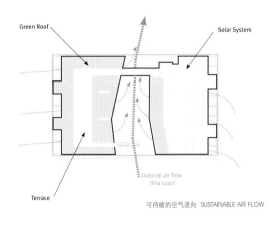

可持续的空气流向 SUSTAINABLE AIR FLOW

- AFM 安全涂膜公司提供的无毒、无挥发气体涂料；
- 惠好公司和特拉斯构件节点公司提供的复合结构木材；
- 所有混凝土中粉煤灰成分至少25%；
- 可回收石膏板中含有31%的可回收成分（另有26%不可回收利用的最终消耗废物）。

清洁的空气，舒适与安静
- 对庭院采取了宁静收敛的处理手法，屋面采用活的绿色植物屋顶；
- 扩大自行车存储空间；
- 充裕的自然采光；
- 适于步行的邻里空间，在walkscore网站评分获得94分的高分（满分100分），被评为"步行者天堂"；
- 整个建筑的外表皮都覆盖有约15cm的喷涂式保温隔热层，保证了安静的室内环境；
- 为了隔声，在单元分隔墙两侧都附有约15cm的隔声层；
- 双层幕墙创造了遮阳的效果，并保证了通风和足够的私密性。

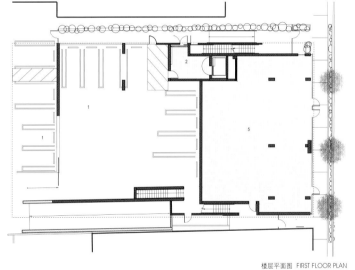

楼层平面图 FIRST FLOOR PLAN

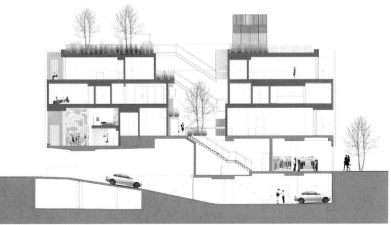

剖面图 SECTION

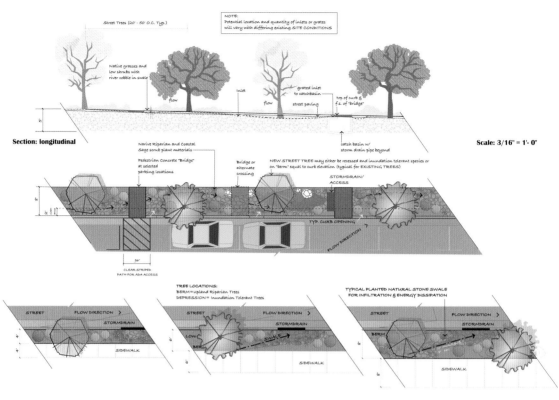

Street Trees (20' - 50' O.C. Typ.)

NOTE:
Potential location and quantity of inlets or grates
will vary with differing existing SITE CONDITIONS

Native grasses and
low shrubs with
river cobble in swale

flow

inlet

flow

grated inlet
to catchbasin

street paving

top of curb &
f.s. of "bridge"

Section: longitudinal

Scale: 3/16" = 1'- 0"

Native Riparian and Coastal
Sage scrub plant materials

Pedestrian Concrete "Bridge"
at selected
parking locations

Bridge or
alternate
crossing

NEW STREET TREE may either be recessed and inundation tolerant species or
on "berm" equal to curb elevation (typical for EXISTING TREES)

catch basin w/
storm drain pipe beyond

STORMDRAIN/
ACCESS

TYP. CURB OPENING

FLOW DIRECTION

36"

CLEAR STRIPED
PATH FOR ADA ACCESS

TREE LOCATIONS:
BERM = Upland Riparian Trees
DEPRESSION = Inundation Tolerant Trees

TYPICAL PLANTED NATURAL STONE SWALE
FOR INFILTRATION & ENERGY DISSIPATION

STREET — FLOW DIRECTION — STORMDRAIN — SIDEWALK

STREET — FLOW DIRECTION — STORMDRAIN — LOW BERM — SWALE — SIDEWALK

STREET — FLOW DIRECTION — STORMDRAIN — BERM — SIDEWALK

"走近第五街"
STEP UP ON 5TH

"走近第五街"项目建成后成为圣莫尼卡市中心的一个新亮点。新建筑为无家可归者和弱智人群提供了一个重新安置的家以及服务机构。新的结构提供了46个公寓作为永久性经济适用房。该项目还包括地面商业、零售空间和地下停车场。该项目的密度是每亩258个住宅单位（1亩约等于667 m²），超过纽约曼哈顿的平均密度（2000年美国人口普查局的数据）10%以上。

"走近第五街"不同于传统的开发项目，它结合了节能措施、超标准的做法优化了建筑的性能，并确保建筑在建设和入住的各个阶段都能减少能源使用。项目的规划和设计源于对被动式设计手段的思考和应用。这些手段包括：合理确定建筑位置及朝向，以控制日照引起的制冷负担，调整建筑形状和朝向使建筑面向主导风向开敞；调整建筑形状，引入浮力作用进行自然通风；为最大化利用日光设计窗户，南向窗采用遮阳措施，尽量减少西向窗的面积，通过窗户设计强化自然通风；采用低流量装置管理储存雨水；对室内进行规划和调整，以加强日照和自然风气流的分布。仅这些被动式设计手段就使得这座建筑的热效率比传统设计高50%。

建筑设计：Brooks + Scarpa建筑事务所（原Pugh + Scarpa）

建筑师：劳伦斯·斯卡帕（Lawrence Scarpa），安吉拉·布鲁克斯（Angela Brooks），布拉德·巴特尔（Brad Buter），西尔克·克莱门斯（Silke Clemens），青鲁克（Ching Luk），马特·马加特（Matt Majack），路易斯·戈麦斯（Luis Gomez），奥马尔·巴尔塞纳（Omar Barcena），丹·沙法瑞克（Dan Safarik）

项目地点：美国，加利福尼亚州，圣莫尼卡

建筑面积：2 936 m²

建筑成本：11 400 000 $

竣工时间：2009年

照片版权：约翰·爱德华·林登（John Edward Linden）

所获奖项：2010年美国建筑师协会加州分会设计优异奖

2010年美国建筑师协会国家建筑研究所荣誉奖

2010年美国建筑师协会国家住房奖

2010年建筑师优质住宅奖

2009年美国建筑师协会 洛杉矶设计奖，优秀多户住宅奖

2009年 西城城市论坛奖（已建成类）

生态理念:

项目的设计采用被动式适应方法应对南加州的温带干旱气候。由于场地面积较小，可供选择的建筑布局的位置非常有限。因此，问题集中在如何充分利用丰富的自然通风和光线的优势来安排建筑的各个组成部分，从而控制热量的吸收和热损失。项目设计的庭院用来引导气流，并提供最多的自然光。

设计最大的挑战是要克服全年都存在的大幅昼夜温差。为了应对这种情况，建筑师精心设置了混凝土地板和墙壁作为蓄热散热池构件。整合设计了穿孔金属幕墙形成雨棚，为建筑提供遮阳效果。在南向玻璃立面上有装饰性金属板控制和调整夏冬两季的吸热，用带有low-e镀膜的铝框双层玻璃窗来调节室内热环境。

建筑师安排了可开启窗的位置使热空气得以上升，并且在上升过程中气流会经过建筑的各个部位。通过某种组合的窗扇开启引入对流通风，使房间可以保持凉爽。Low-E双层玻璃窗户和增加保温层比传统木构架建筑提高热效率50%以上。

Ecological idea:

Step Up was designed to passively adapt to the temperate arid climate of Southern California. Due to the small site there were limited options for building placement. Therefore, our analysis focused on the placement of building components to take advantage of abundant natural ventilation, light and to control heat gain and heat loss. Courtyards are arranged to induce airflow and provide maximum natural light.

The biggest challenge was to overcome the year round substantial temperature differential between day and night. To compensate for this condition concrete floors and some concrete walls are strategically placed and used as thermal heat sinks. Perforated metal screens are building integrated and form canopies that shade the building. A decorative metal screen at south facing glazed areas helps to control and regulate summer and winter heat gain. Dual glazing with a low-e film is utilized in aluminum frames to control the indoor thermal environment.

Operable windows are strategically placed so that as hot air rises, it passes through and out of each unit. The rooms are kept cool with a combination of window placement for cross-ventilation; double-glazed low-e windows and increased insulation that boosts thermal values 50% above a conventional, wood frame construction.

设计草图 SKETCH

建筑配备了节能的、对环境友好的、可持续经营的装置。在建筑过程中尽量减少材料使用，并且通过运送垃圾至指定的循环中转站达到充分利用可循环材料的目的。项目总体达到了71%的回收率，包括使用特殊的含有可循环成分的地毯、隔热材料和混凝土，并采用全天然油毡地板强调节能理念。该项目使用紧凑型荧光灯照明，附有low-e镀膜涂层的双层玻璃的窗户。每间公寓都配备了低流量节水马桶和一个热效率高的水力系统。加州在美国有着最严格的能源效率要求，该项目加强集成了众多的可持续发展的特质，超过强制性执行的加州第24条中规定的24个节能措施，节能率达到26%。虽然目前还没有提出申请认证，但是按照LEED认证程序，将获得39分，相当于LEED的"黄金"。

环境因素

正立面设计采用一系列水射流切割铝合金窗纱，使得较早的阳光可以通过过滤进入正面的单元。建筑物形状的设计可以捕捉主导风向、过滤日照，并通过一个四层楼高的穿孔镀锌丝网遮挡通向两个内部庭院的阳光。大部分的单元在相对的墙面上设有窗，以促进对流通风。在每个单元内提供一个常见的锅炉来加热生活热水和对空气加热，以及一个小型的水暖气。只有位于一层的计算机房和两个经理单元有制冷设备。项目整体全面应用了低流量装置。墙体使用了R21隔热材料，屋顶为R30隔热材料。还使用了低挥发性涂层和面层、可循环地毯及天然油毡。拆建的71%为可

窗纱图 SCREENS

回收材料。项目还设有专门的再生材料垃圾槽。雨水集水盆和过滤系统（隐藏在正面植物园中）可以捕获并处理所有基地范围内的落水。

能源

由于较小的单元尺度和有效的单元立面围护结构，设计电能负荷得以大幅减少。建筑墙体围护材料含有R21隔热材料，屋顶含有R30隔热材料，并使用带有low-e镀膜的双层玻璃。穿孔金属幕为建筑以及两个内庭院空间提供遮阳。只在一层的计算机室、两个办公室、两个经理单元提供制冷设备。其他的单元都在相对的墙面上设窗，以促进自然对流通风。所有的单元和社区房间通过一种昌吉的锅炉和散热系统来加热（小风扇吹动空气通过墙基处的热水管），家用热水通过一种常见的锅炉来加热。在单元内所有的照明设施为紧凑型荧光灯，公共走道上以及室外照明为计时照明，一层的门厅和计算机房也采用了荧光灯管。每个单元有一个小型的厨房，配有星级节能冰箱，只有两个社区房间安装了燃气装置（为了促进租户之间的社会互动）。

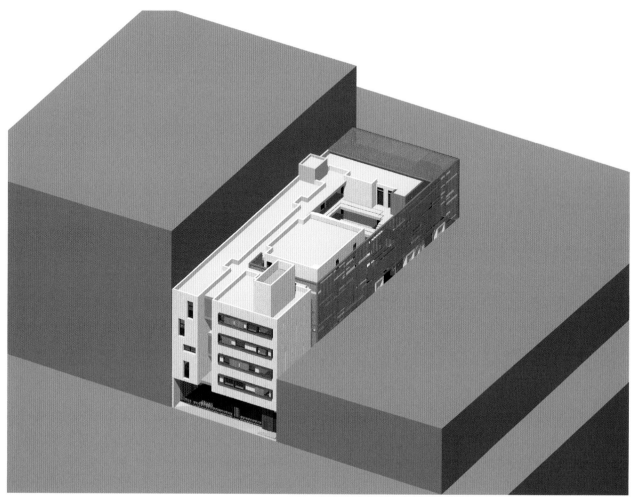

3D 模型图 3D MODEL

东立面图 EAST ELEVATION

0 5 10   20

西立面图 WEST ELEVATION

0 5 10   20

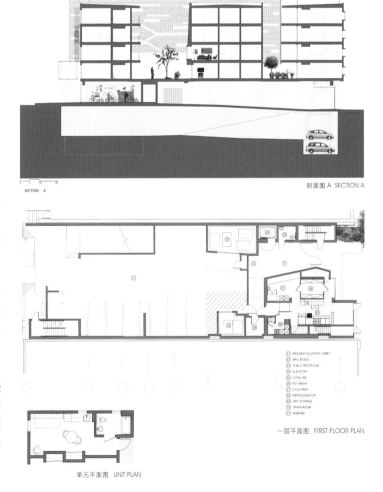

剖面图 A SECTION A

SECTION A

材料与资源

有5种主要的材料选择了含有回收成分的材料：地毯有25%的回收成分，石膏板有5%的回收成分和3%的循环成分，混凝土采用10%粉煤灰材料，建筑隔热采用至少20%的回收碎玻璃、保温混凝土和无甲醛石膏板。

所有的涂层均采用低挥发涂料。公共区域的室内地板面层为密封素混凝土板或者天然油毡，并在需要油漆涂层的位置指定采用了一种高品质的油漆。

尽量减少罩面漆的使用，在暴露的地方采用混凝土板，外部的灰泥饰面添加了部分颜料，代替涂料。正立面室外金属板有一种阳极氧化铝的颜色，侧面金属幕采用镀锌铝——两种金属幕将来都不需要任何涂层或处理。

RESIDENTIAL ENTRY LOBBY
MAIL BOXES
PUBLIC RESTROOM
ELEVATOR
COOKLINE
POT WASH
COLD PREP
REFRIGERATOR
DRY STORAGE
TRASH ROOM
PARKING

一层平面图 FIRST FLOOR PLAN

单元平面图 UNIT PLAN

福戈岛狭长工作室

LONG STUDIO FOGO ISLAND

狭长工作室的概念是对季节变换的一种响应。工作室设计为由3个不同部分组成的狭长形空间:一处有遮蔽的开放空间代表春天,它是通往工作室的入口,也代表了季节变换的开端;中间部分没有遮蔽,完全敞开,大部分暴露在外,它将沉浸在福戈岛漫长夏日的一切情状之中;工作室的末端也就是主体部分则全部封闭,从而形成了一处远离外界环境、受到保护且全然独立的处所,同时仍然通过精心制定的视野方向保持与周边景观的联系。

这座艺术家工作室的狭长线性结构形成了尽可能多的开敞墙面和建筑面积。两端的大面积窗户和工作室顶部的天窗最大限度地向室内引入了自然光线。设计时,将一侧墙面加厚至1 m,在其中布置了储藏室、座便器和洗手盆,门与墙面齐平,从而避免了对室内空间的任何视觉破坏。

工作室建在海边的立柱上,面朝大海,入口处有一小块混凝土基座用于固定建筑。通过使用这种结构,这些工作室几乎能建在岛上的任何地点。除此之外,它也能让工作室于冬季在当地车间进行预制,最后于春季施工建筑。

建筑设计:桑德斯建筑事务所(Saunders Architecture)

建筑师:托德·桑德斯(Todd Saunders)

项目地点:加拿大,纽芬兰福戈岛

项目面积:130 m²

竣工时间:2010年

照片版权:本特·瑞内·辛内瓦格(Bent Rene Synnevåg),桑德斯建筑事务所

生态理念：

所有的6座工作室都是100%的独立能源结构，不使用任何公共基础设施。在狭长工作室中，所有的能源都来自屋顶的太阳能板和一个小型燃木火炉，从屋顶回收的雨水储存在隐藏着储物间的水箱内，然后供淋浴和小厨房使用。此外，还安装了堆肥厕所，并且所有多余的污水都会在建筑内部进行处理。所有的6座工作室都能自给自足——它们无需任何市政供水、下水道、天然气、电网或类似的其他基础设施。

Ecological idea:

All 6 studios are 100% off-the-grid with no connection to public services. In the long studio, all heat is produced from solar panels on the roof and a small wood stove; rainwater is collected from the roof and stored in tanks in the concealed storage rooms and ultimately supply water for the shower and small kitchen. In addition, a composting toilet is installed and all excessive grey water is treated inside the building. All 6 studios are autonomous - they do not rely on municipal water supply, sewer, natural gas, electrical power grid or similar utility services.

在概念上，该设计与塞德里克·普赖斯（Cedric Price）的"陶思带"（Potteries Thinkbelt）有异曲同工之妙——它提出了一种流动且至少具有部分不确定性的模型。其中，有文化含义和艺术形式的设计被认为是重新激活景观的手段，通过它们与夕阳产业的关联产生深刻的意义。自始至终都很明确的是，建筑师必须具有某种特殊的建筑敏感度才能使建筑与福戈岛这样脆弱而严峻的社会生态和地理环境产生关联，柯布（Cobb）认为在他挑选的建筑师身上就能感受到这种共鸣，这位建筑师是纽芬兰当地人，从1997年起在挪威工作和生活。建筑师最初接受的任务是要为居住在当地的艺术家和作家设计6座工作室，面积从20 m²到120 m²不等。预计建在福戈岛的远郊，同时还有一些分布在不同社区的传统纽芬兰住宅会经修复成为艺术家的住宅。

这些工作室中的第一座就是这座狭长工作室，于2010年6月竣工。其地理位置所提供的特殊背景是任何建筑师所梦寐以求的环境——一片孤立的海角，近在咫尺之处，惊涛拍岸，来自大西洋的浪花裹挟着浮沫，不断冲击着岩石。没有公路能够通达——从最近的公路尽端到这里需要步行10分钟，这无论在空间上还是在精神上都保证了绝对的与世隔绝。

与世隔绝提供了一个关注点。工作室采用线型形式，略有倾角的通高玻璃窗让它的住户能够远眺大西洋，根据人在室内的不同位置，均能将地平线或海岸线纳入视野。所有的6座工作室都具有示范或暗示当地建筑工艺的意味——包括松木的外壳回应了"外港"所用的木板，或是当地渔民的住宅、纽芬兰邻水小屋的原木结构、建筑的比例，特别是较小面积的工作室建筑的比例等。

扁工作室 SQUISH STUDIO

桥工作室 BRIDGE STUDIO

塔工作室 TOWER STUDIO

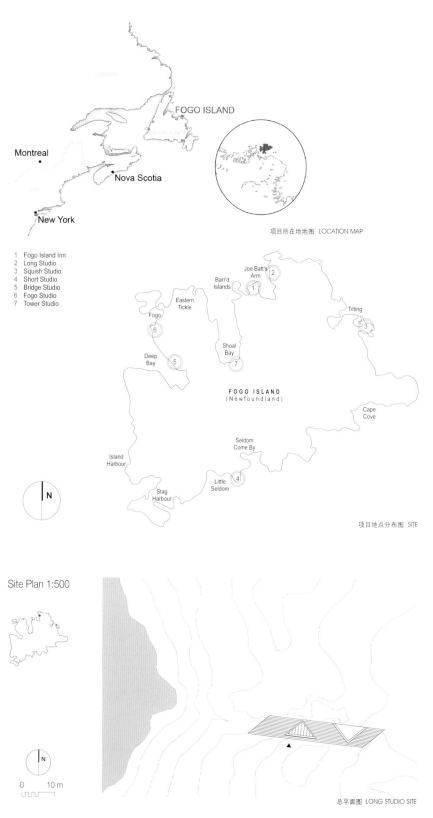

项目所在地地图 LOCATION MAP

1 Fogo Island Inn
2 Long Studio
3 Squish Studio
4 Short Studio
5 Bridge Studio
6 Fogo Studio
7 Tower Studio

项目地点分布图 SITE

Site Plan 1:500

0   10 m

总平面图 LONG STUDIO SITE

狭长工作室所采用的这些角度尖锐的几何形式，在如此明显与世隔绝的环境下可能会有显得形式主义、毫无必要的风险；然而，由于设计概念总体而言十分简约——宽敞、开放的室内空间俯瞰着海岸线，加上能免受海风侵袭的半封闭平台，室内外共同组合在一个长方体的简单形式中——它作为一个建筑整体，反而显得既清醒又富于活力，大胆又不失与周边环境的融合。

建筑结构整体呈管道状，两端以45度角各截去一部分，形成的平行四边形中另有一个锐角的几何图形蜿蜒曲折，贯穿其中。由于这些工作室将在春、夏、秋三季开放使用，桑德斯还精心设计安排了一系列与不同季节相呼应的事件。它由带有顶棚的室外入口区域开始，在某种程度上提供了遮风挡雨的保护。入口区域随后变为完全暴露在外的中庭，或者是在原本完整的黑匣子上刻下一处凹痕，空间面朝南方以获得阳光。最后一段则是完全封闭和孤立的工作室，其设计有意过滤阳光照射并避免直接对外的视线。

进入工作室内部，你会立刻为狭长空间令人赞叹的气氛所打动，工作区和小厨房中白色松木搁板和工作台的水平线条又进一步突出了空间的轮廓。大面积的三角形天窗下有裸露的木框架格栅，天窗所提供的充足顶光减少了建筑对大面积电器照明的需求（也减少了对更多光电池板的需求），并为来访艺术家和设计师的作品提供了色彩丰富的展示手段。狭长工作室的尽端是大面积的玻璃窗悬浮在地平线上——在此可眺望窗外日复一日、春去秋来的风云变幻。内部空洞的建筑结构渗透着周围的环境，因此也许你能想象，在夜深人静的时分，穿越北大西洋的疾风如何呼啸而过；或者在七月某个炎热的下午，当你打开工作室的窗扇，让和煦的海风透进室内，又仿佛品尝到了海水微咸的滋味。

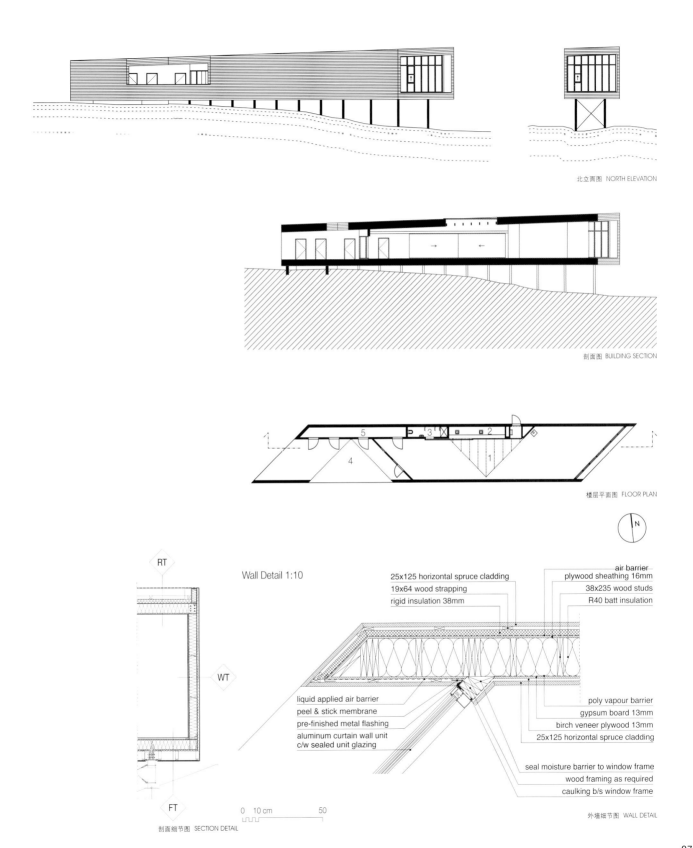

北立面图 NORTH ELEVATION

剖面图 BUILDING SECTION

楼层平面图 FLOOR PLAN

N

Wall Detail 1:10

25x125 horizontal spruce cladding
19x64 wood strapping
rigid insulation 38mm

air barrier
plywood sheathing 16mm
38x235 wood studs
R40 batt insulation

liquid applied air barrier
peel & stick membrane
pre-finished metal flashing
aluminum curtain wall unit
c/w sealed unit glazing

poly vapour barrier
gypsum board 13mm
birch veneer plywood 13mm
25x125 horizontal spruce cladding

seal moisture barrier to window frame
wood framing as required
caulking b/s window frame

RT

WT

FT

0   10 cm   50

剖面细节图 SECTION DETAIL

外墙细节图 WALL DETAIL

原材料的选择

CHOICE OF MATERIALS

ECOLOGICAL CHILDREN ACTIVITY AND EDUCATION CENTER
生态儿童活动及教育中心

名列6星级酒店的索尼沃信度假圣地位于泰国湾苏梅沽岛上。在这个得天独厚的场地中，24H建筑事务所设计了一系列生态图标，为"第六感官度假村"在设计与生态学两方面的不凡抱负增色不少。其中，最为突出的是儿童活动及教育中心，它能为来访的孩子们提供各种各样有趣的活动，同时还可以提高他们的生态意识水平。这间书斋包括一间电影院/礼堂，在此可放映电影、举行演讲、表演话剧；一间图书馆，里面陈列的是关于永续农业和当地传统的书籍；以及美术室、音乐室和时尚房各一间。这些功能各异、内容丰富的房间使孩子们在玩乐时也接受了创意教育和生态教育，寓教于乐，成效斐然。

此项目是为了给孩子们设计一个有趣的活动环境。建筑概念灵感来源于热带海底世界，那里有色彩缤纷的珊瑚和鱼，其中一种称之为"蝠鲼"的神奇鱼类就是它的参照蓝本。项目建在一处靠近海边的岩地斜坡之上，其居高临下的位置，令竹拱顶若隐若现，像是一条要在此栖息的"蝠鲼"，整个景色捕捉到了它即将在海湾停靠的一瞬，令人过目难忘。

建筑设计：24H 建筑事务所（24H-architecture）

建筑师：鲍里斯·蔡瑟（Boris Zeisser），马瑞吉·拉默斯（Maartje Lammers）

协作建筑师：奥拉夫·布鲁（Olav Bruin），安妮·劳雷·诺伦（Anne Laure Nolen）

当地建筑师：Habita建筑事务所（Habita architects）

项目地点：泰国，苏梅沽

楼层面积：165 m²

竣工时间：2009年

照片版权：鲍里斯·蔡瑟，24H建筑师事务所，加提蓬·般席（Kiattipong Panchee）

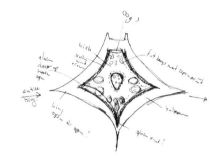

建筑为了适应当地潮湿的热带环境，在其生物气候设计方面可谓考虑得面面俱到。地板层层缩进，配合高架屋顶的开放式设计形成了天然通风设施。挑高的结构有助于空气的良好流通，这点与传统的泰式房屋类似。此外，它力求将对周边自然环境的影响降到最少。多达800万条的悬臂撑起了屋顶，就像一把亭亭如盖的大伞，既可遮荫又能避雨。建设中心的高架屋顶半遮半掩，自然光可以从这里照进建筑，同时也限制了空气消耗量。

室内的4间房间是这"动物"的内部"器官"。当地植物——藤条被用于建造这些器官的适合的体积，而人造林的江红桉木则用于铺设地板。前部的阳台面朝度假村的海湾，大好风光尽收眼底。房间的墙壁由蚊帐布、包竹屑、红土、白沙或木屑等各色材料制成，使每个房间都别具一格，相当有特色。而在音乐室房间内部，使用了纤维素绝缘材料和覆层来达到隔声的效果，覆层上的音符增添了室内装饰的趣味性。

建筑内部中心的环形楼梯如水纹一般向高处层层荡漾开去，形成了小剧场或电影院，上面的藤编阳台看起来很清凉，形状犹如河豚（泰语中称之为：pla pakpao）。出于对孩子们安全的考虑，建筑的所有门窗全部采用了丙烯酸材料制作。

设计过程
项目的主要挑战来自使用传统材料建造现代设计。也正因为如此，在设计的过程中需要做大量关于材料和设计的研究，同时还要反复咨询相关专家。

团队不仅在电脑中搭建了三维模型，还以1:30的比例制作了一个实体模型，用以帮助设计建筑的竹结构。这个模型在奥雅纳工程公司的监督下曼谷法政大学进行了风洞测试。此外，排塘竹也已在曼谷先皇科技研究所完成了拉伸、承压、剪切和弯曲的各项测试。

生态理念：
竹子这种材料，若在设计中不能合宜而用，便会非常脆弱。为了避免天气因素对其的影响，设计中需要给它穿戴"鞋帽"。所谓鞋帽，分别是指竹柱立足的防雨水反溅平台，距离地面至少30 cm，一个大型的悬挑屋顶，保护建筑结构免于雨水冲刷和紫外线照射。

Ecological idea:
Bamboo is a vulnerable material if you don't use it properly in the design.
It needs a big "hat" and "boots" to withstand the weather influences. The hat means a large cantilevering roof protecting the structure from rain and UV light and the boots mean that the bamboo columns should be on a footing of at least 30 cm above the ground, keeping them away from the splash-back of the raindrops.

手绘灵感来源之"蝠鲼"图 INSPIRATION SKETCH MANTA RAY

设想中项目建成后的海岸 AERIAL RETOUCH BEACH

总平面图 SITE PLAN

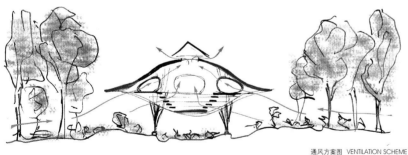

通风方案图 VENTILATION SCHEME

BEAM LENGTH: 20m

并列排放的悬梁图 BEAM COORDINATE DRAWING

他们还咨询了Eco Bamboo公司的约尔格·施塔姆（Jorg Stamm），他是世界上经验最为丰富的竹建筑者之一。该项目的建筑师奥拉夫·布鲁参加了施塔姆在德国举行的一个关于竹料的研讨会，并参观了他过去几年中在巴厘岛建成的竹结构建筑——令人印象深刻。施塔姆在竹料方面的专业见解对整个项目的实现至关重要，因为竹子是一种非常特殊的建筑材料，质轻、力强，但若是使用不当也很容易被白蚁和气候所毁。有鉴于此，所有的竹子都经过硼处理，这是一种基于天然盐的处理方式，目的是要防止竹料被白蚁和其他昆虫侵噬。另外，还应用了"保护性设计"，如将竹柱从地面提高至少30cm，且使用悬挑屋顶保护整个结构免于雨水的直接冲刷和紫外线照射。根据经验，高2m的墙或者柱子需要将屋顶挑高1m。

主要用材——竹子
竹子是世界上使用最广泛的建筑材料之一，但其使用者多为穷人。因此，它有个绰号是"穷人的木料"，只要人们有了足够的钱，他们将立刻用石料或混凝土建一座房子。

此项目的目的之一就是为竹子"正名"，向世人展示它是一种如此美丽的材料，美丽得让人讶异，它和其他材质一样适于建造现代建筑。而除此之外，竹子还是最环保的建材之一。

竹子生长4~5年之后就可以收割，此时的竹子足以用做建筑结构。竹子这种植物每年都会冒新笋，所以4~5年收一茬不会影响它的生长。与树相比，竹子的收获和生长都是连续的过程，而树需要花上40年的时间才能成为用于建设的材料。

该建筑的主体结构用长达9m、直径为10~13cm的排塘竹(Dendracolamus asper)建成，次级屋顶和"腹部"结构由排梁竹（凤凰竹）建成，这种柱长4m，直径约为5cm。这两种类型的竹子都来自邻近的泰国巴真府的种植园。

地面平面图 GROUND FLOOR PLAN

二层平面图 FIRST FLOOR PLAN

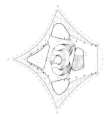

入口平面图 ENTRANCE FLOOR PLAN

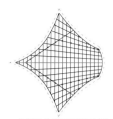

屋顶结构图 ROOF STRUCTURE PLAN

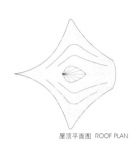

屋顶平面图 ROOF PLAN

前立面图 FRONT ELEVATION

后立面图 BACK ELEVATION

侧立面图 SIDE ELEVATION

纵向剖面图 LONG SECTION

横向剖面图 CROSS SECTION

结构

所有横梁都在一个三维立体模型中生成，为了得到弯曲的横梁，每根柱子都在一个蒸汽箱中受热1个小时，这个蒸汽箱是特意为此建造的。此后将它们放在一个可调节的制模工具中，配合协同系统进行组合，令70多根竹子全部变成了弯曲的横梁。整体结构的连接技术可谓古今结合，顾及到高12 m、宽28 m的结构所承受的重量，主体结构上使用了螺栓接合。这些接合处注射填充了胶合剂，防止竹子开裂。针对次级屋顶和腹部结构，主要是用藤将竹子绑在一起；其固定作用主要由竹销子完成。屋顶由破开的竹片组成，顶上是一层防雨膜，上面扣着竹瓦。

团队

施建团队由来自清迈湄沽区卡伦山区部族的竹子专家组成，由24H建筑事务所的建筑师对施工进行监督。团队中新老成员结合，有关竹子的知识正好可以从经验丰富的长者传递给年轻的一辈，对新人们来说项目的建设过程同时也是学习的过程。

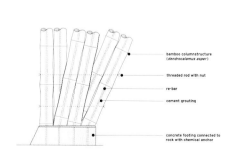

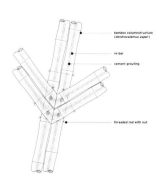

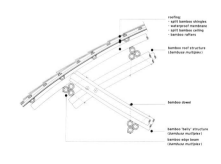

结构细节图 DETAILS

HOUSE 205 205 住宅

项目的所在地周围是陡峭的山坡和大片的树林及灌木丛。目标之一就是建造的房屋不会对当地环境造成严重影响。房子建在一个天然的岩石平台上，该平台还被用做房子的出口和花园，建筑师和房地产开发商已达成一致，要建造一座人工景观平台，从而最大限度地减少运土。目的之一便是利用好现有的陆架，保持林地的自然地貌。场地中唯一不平坦的地方就是斜坡上的小径，这条人工小径斜穿整个区域，将街道和地块中高低不等的地层连接起来。

房屋内部不同比例的房间按照线性顺序排列并与建筑结构相连，这是室内布局的基础。滑动式开放领域，使建筑既和谐统一又用途广泛。屋子可以作为一个开放式的空间，也可以作为单独的封闭空间。建筑的地基由一大块岩石和两个混凝土支柱组成，这两个支柱立在岩石之上架起整个房屋，如此一来也保证了房子与岩地表面之间的永久通风。

这样的设计在结构尺寸的确定上非常高效，而且形成了很大的拱形空间。拱形空间充分包容了岩石和房子各异的几何形状，最大限度地减少了建筑物的地基。

建筑设计：H 设计师事务所（H ARQUITECTES）

建筑师：大卫·洛伦特（David Lorente），何塞普·里卡尔（Josep Ricart），

泽维尔·罗斯（Xavier Ros），罗杰·图得（Roger Tudó）

项目地点：西班牙，加泰罗尼亚，瓦卡里塞斯

竣工时间：2008年

建筑面积：132 m²

项目预算：200 000 €

照片版权：斯达普·伊斯图帝（Starp Estudi），

安娜·伯内特（Anna Bonet）

所获奖项：2009年"第五届巴列斯建筑艺术双年展"可持续发展建筑优胜奖

入围2009年西班牙双年展

入围2009年西班牙建筑师大会

此外，这种结构体系还有一个非常重要的深层用义，即减轻重量、减少原材料、节省能源，以及降低与建筑结构和地基相关的二氧化碳排放量。同时它采用干式装配施工法，这种装配方式方便、快捷，还可节省大量水资源。双管齐下，不仅减轻了建筑重量，还显著地降低了投资成本和投入时间。建筑所用的胶合板是一种可再生材料，可拆卸回收，这意味它可以循环往复，被无限地使用下去。

胶合板用于墙壁、天花板和地板的可见处。为了减少涂料和室内装修的费用，设计师曾尝试减少可见贴边。装置虽然不可见，但它们在房间中的部分还是用石膏墙板做了嵌板。将系统分隔到屋子周边。最后只有半数房间可以看到其结构。

所有外墙使用的材质都是法兰德斯松之类的针叶松木，这种材料具有良好的通风性。窗口也已经完成木料装配，可拆卸的百叶窗对它提供了保护。屋顶的传送能力通过一块排水板实现，同时它也形成了一个通风良好的小空间。

最终，建造出的房屋坐落在一大块岩石上，周围森林环绕，屋子受到树木掩映，便也不觉得突兀，反倒融在这一片自然风光之中了。

生态理念：

起初这块场地似乎并不适合建造房屋。然而，除去表层泥土后，一大块岩埂便显露出来，设计师发现在它上面建造房屋可以不破坏周围环境。利用独特的位置优势，具有最大限度地减少运土，在花园进出口设置上利用现有的自然布局，并保护好森林及其植物群的特点。项目对环境进行的唯一的人工改造就是对入口道路的调整以及房屋建造，其设想是采用可持续发展的标准，弱化建筑和施工对环境的影响。
房屋建造使用层压木结构，墙壁和天花板用的是大块KLH嵌板。该体系的工作原理既不是层次式也不是承重墙直角式，而是作为一个整体的扩散性结构。

Ecological idea:

At first, it appeared that the site was not suitable for the construction of a house. However, removal of the surface layer of earth exposed a wide bank of rock upon which a house could be placed without damaging the surroundings. To take advantage of the uniqueness of the location, to minimize the movement of earth, to take advantage of the existing natural layout in order to provide entry to and exit from the garden, and to conserve the features of the forest and its flora. The only artificial changes will be the adjustment of the access road and the construction of the house, which is conceived using sustainable criteria and which will have a low environmental impact.
The house will be built with a structure of laminated wood in large KLH panels, which will be used on walls and ceilings. This system works as a diffuse structure with neither hierarchy nor a Cartesian structure of load bearing walls, but as a whole structure working together.

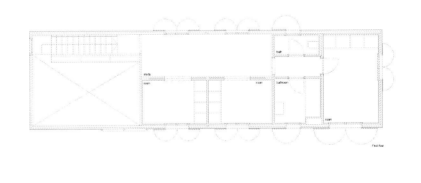

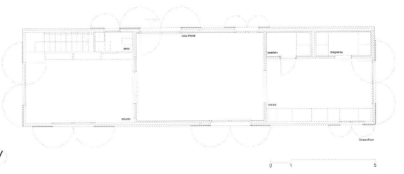

楼层平面图 PLANS

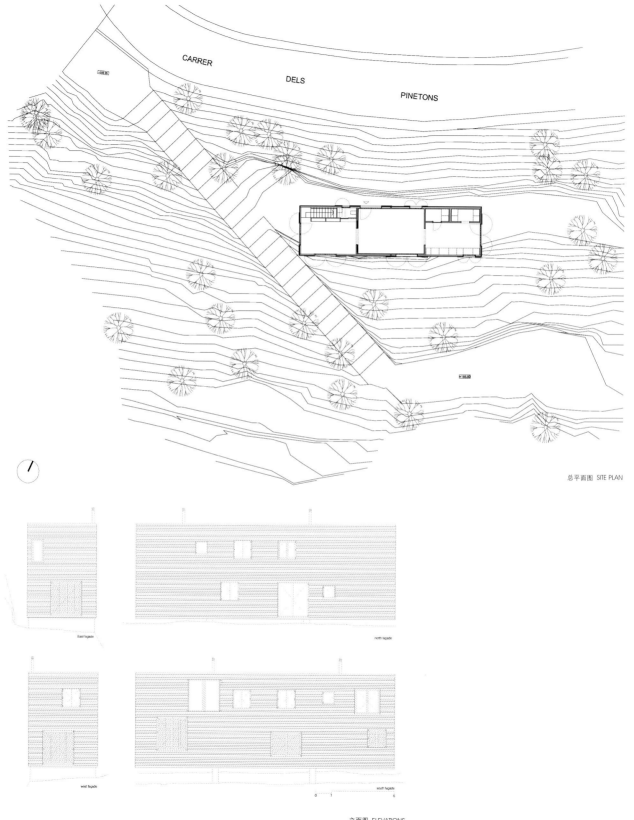

CARRER

DELS

PINETONS

总平面图 SITE PLAN

East façade

north façade

west façade

south façade

立面图 ELEVATIONS

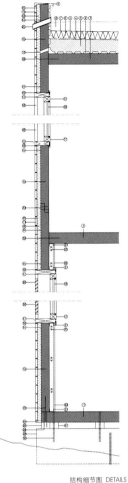

结构细节图 DETAILS

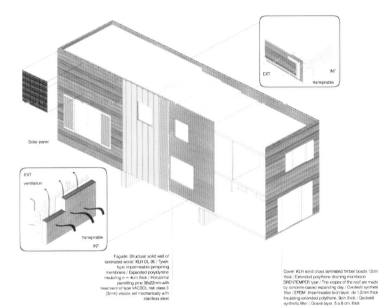

Solar panel

EXT
ventilation

transpirable

INT

EXT

INT

transpirable

Façade: Structural solid wall of laminated wood KLH DL 95 / Tyvek type impermeable perspining membrane / Expanded polystyrene insulating e = 4cm thick / Horizontal panelling pine 95x22mm with treatment of type VACSOL risk class 3 (3mm) vissos set mechanically with stainless steel

Cover: KLH solid cross laminated timber boads 12cm thick / Extended polythene draining membrane DRENTEMPER type / The slopes of the roof are made by concrete-based expanding day / Geotextil synthetic filter / EPDM impermeable tech layer, de 1,2mm thick / Insulating extended polythene, 9cm thick / Geotextil synthetic filter / Gravel layer, 5 a 8 cm. thick

轴侧图 AXONOMETRIC

1. KLH solid cross laminated timber boads 12 cm thick.
2. Extended polythene draining membrance DRENTEMPER type.
3. The slopes of the roof are made by concrete-based expanding day.
4. Geotextil synthetic filter.
5. EPDM impermeable tech layer, de 1,2 mm thick.
6. Insulating extended polythene, 9 cm. thick.
7. Geotextil synthetic filter.
8. Gravel layer, 5 a 8 cm. thick.
9. Top folded sheet of galvanized steel.
10. Rake 45×45 mm veritcal autoclave treatment with 3 to risk holding wood coating.
11. Horizontal panelling pine 95×22 mm with treatment of type VACSOL risk class 3 (3 mm) vissos set mechanically with stainless steel.
12. Expanded polystyrene insulating e = 4 cm thick.
13. Ventilated mebrana draining Ø3 cm. Each 90 cm.
14. Tyvek type impermeable perspining membrane.
15. Structural solid wall of laminated wood KLH DL 95.
16. Solar protection of laminated tricapa (3 cm) with two layers of water Lasur base colorless.
17. Carpentry of pine treated VACSOL rate risk class 3 (3 mm) colorless and two layers of water Lasur base colorless.
18. Climalit glass 6/10/4.
19. SealingEdge with silicone.
20. Solar protection of wooden booklet orientable, lacquer workshop with one hand and two of segelladora finishing.
21. Profiles of galvanized steel every 45 cm.
22. Vertical plasterboard 15mm. on metallic profiles, according to proof area.
23. Instalations pass.
24. Finished coating facade, ribbon of pine of 67×22 mm. vissos mechanically fixed with stainless steel.
25. Overflow galvanized steel Ø 50.
26. Strut of concrete.
27. Plug of IPE wood of 10×20 cm.
28. Plug of IPE wood of 10×60 cm.
29. Union forged with health plug wooden IPE with screw 2×Ø 6/180 1UD/55.
30. Connection with forged health shoe glues stick M18 threaded with SIKADUR.
31. Union forged with health special screw type WT8.2/300 1UD/300 doubling frequency 1m concret struts.
32. Union forged with health special screw type WT8.2/300 1UD/150.
33. Union dovetailing between the wall panels DL95/DL95 wooden screw Ø 6/90 c/160 mm.
34. Anchorage-based rock with stick threaded M20 attached with mortar SIKADUR.

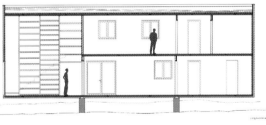

剖面图 SECTIONS

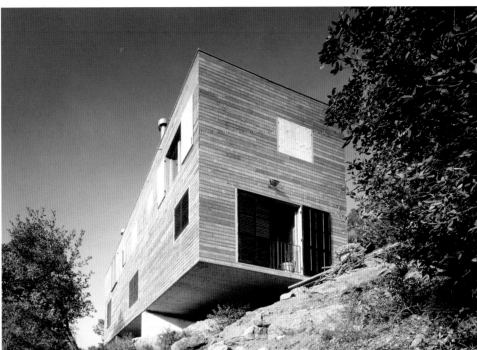

PANYADEN SCHOOL 尼德学校

这个郁郁葱葱、绿意盎然的果园，处在泰国山地与平原的交接处，一面是泰国的最高峰，一面是平坦的稻田。24H建筑事务所设计的环保校舍——尼德学校，就坐落于此。

这所占地5 000 m²的小学校，位于清迈市南部，由许多凉亭（大厅）组成，不过凉亭的排布并不拘于形式，而是沿着小径随意摆放，其灵感来源于一种热带植物——鹿茸角蕨。

建筑的最终形态是基于原始设计发展而来的，虽然有些许改变，但是仍保留了最初的设计意图——即使用地球上的元素和形状来建造一组建筑，作为赞美自然钟灵神秀的颂歌。

建筑类型主要有两种：
教室凉亭由夯土承重墙分成3间教室。外墙由黏土制成，玻璃窗的边框材质为当地硬木，自然光透过窗户进入教室。橱柜和书架都嵌入在土坯墙中，与墙一起围绕在整洁的空间周围。竹制屋顶结构的弧形轮廓，就像远处可见的青山。

建筑设计： 24H建筑事务所（24H architecture）

建筑师： 鲍里斯·齐泽尔（Boris Zeisser），马蒂尔·拉姆斯（Maartje Lammers）

协作建筑师： 奥拉夫·布鲁（Olav Bruin），安德鲁·达夫（Andrew Duff）

当地建筑师及结构工程师： Rajanakarn设计建造有限公司

项目地点： 泰国，清迈

房屋面积： 5 000 m²

竣工时间： 2011年

照片版权： 艾丽·泰勒（Ally Taylor）

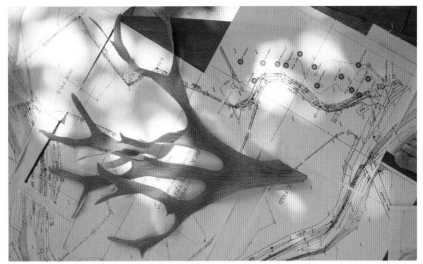

鹿茸角蕨图 SOURCE OF INSPIRATION: ANTLER FERN PLANT

生态理念：

竹子不仅是最环保的可持续材料之一，使用这种材料进行建筑工作，还可以为亚洲国家的贫困乡村实现社会可持续发展，相比那些发展迅猛，经济增长快速的城市，这些地方非常落后。竹子可以为那些来自乡下的农民和建筑工人提供工作机会，而得到这些机会的人们可以借此增长知识。

竹子这种令人着迷的材料，用于现代建筑方式中仍保有许多传统的技术工艺。

Ecological idea:

In addition to being one of the most environmentally sustainable materials, using bamboo also generates social sustainability for the poorer country sides in Asia which is often left behind by the fast developing cities where all economic growth takes place. Bamboo generates jobs for both the supplying farmers and the construction workers from the villages who get the chance to extend their knowledge from traditional bamboo construction techniques to contemporary ways of building with this fascinating material.

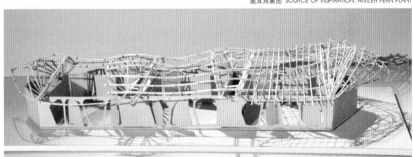

模型图 MODELS

总平面图 SITE PLAN

宽敞的亭子具备如礼堂和食堂的公共功能。建筑的柱子由竹束组成，伫立于石制基底与竹制顶棚之间，人们走在其中，就如同在穿梭在劲节凌云的翠竹万竿之中。其他小亭有的形如小鸟，有的状似树叶，都是由当地团队设计并建造的（操场、游泳池周围、佛厅等），而且这些元素都是在泰国日常生活和大自然中随处可见的（如清迈制作的纸伞）。

整个学校建造时所有的材料都是由当地泥土和竹子制成，建造各构件的材料也都经过自然处理。学校中将会种植有机蔬菜和大米。而废水处理和对食品废物的回收利用，可以生产有机肥料并生成沼气用于烹调食物。总体而言，这是一所环保学校，碳的使用量几乎可以忽略不计。

尼德是一家佛教民营双语学校，它可容纳375名学生。学生们将作为环保使者，将绿色生活方式引入他们生活的社区中。

除了泰国人和以英语为母语的教师外，这所学校还聘请各方面的艺术专家对孩子们进行指导，如传授当地的农业生产方式方面的传统智慧，还有热带森林植物专家、织布能手和北部烹调方式等。该学校的目的是提供国际小学的全面教育课程，与此同时也高度重视佛理奥义与环保意识的培养。

平面图 PLAN

总体结构图 STRUCTURE PLAN

屋顶设计图 ROOF PLAN

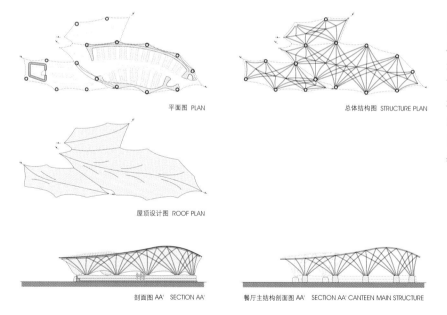

剖面图 AA' SECTION AA'

餐厅主结构剖面图 AA' SECTION AA' CANTEEN MAIN STRUCTURE

剖面图 BB' SECTION BB'

厨房主结构剖面图 BB' SECTION BB' KINTCHEN MAIN STRUCTURE

CANTEEN AND KITCHEN
餐厅和厨房

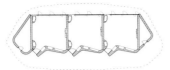

平面图 PLAN

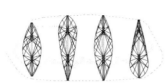

屋顶桁架设计图 ROOF TRUSSES PLAN

北立面图 NORTH ELEVATION

南立面图 SOUTH ELEVATION

剖面图 BB' SECTION BB'

剖面图 AA' SECTION AA'

GRADE SCHOOL
小学

平面图 PLAN

屋顶桁架设计图 ROOF TRUSSES PLAN

北立面图 NORTH ELEVATION

南立面图 SOUTH ELEVATION

剖面图 BB' SECTION BB'

剖面图 AA' SECTION AA'

KINDERGARTEN
幼儿园

平面图 PLAN

结构设计图 STRUCTURE PLAN

屋顶设计图 ROOF PLAN

剖面图 AA' SECTION AA'

剖面图 CC' SECTION CC'

东立面图 EAST ELEVATION

剖面图 BB' SECTION BB'

ASSEMBLY HALL
礼堂

平面图 PLAN

MAIN STRUCTURE PLAN

屋顶设计图 ROOF PLAN

剖面图 AA' SECTION AA'

剖面图 BB' SECTION BB'

东立面图 EAST ELEVATION

PARENTS SALA
家长大厅

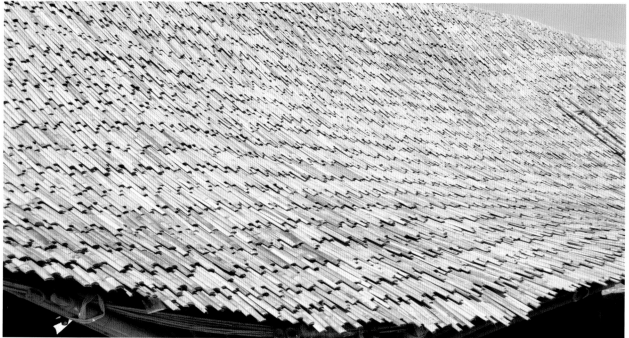

被动式建筑

PASSIVHAUS

SOURCE OF INSPIRATION: ACOUSTICS AND MATERIALITY
设计灵感来源：声学与物质性

KROGMANN HEADQUARTERS 克罗格曼总部

纵观历史，上层阶级的建筑从来都是顺风顺水，可中产阶级在建筑方面却总是处于岌岌可危的境地。在建筑文化的独特历史中，多如牛毛的平凡住宅、商业建筑和工业建筑永远都是被埋没的——因为只有处在上下两极、截然相反的社会阶层中的建筑才有存在感。这种对照可以追溯到一个世纪之前，当时建筑是社会文化的首要表现方式，这与当今的情况截然不同，如今主张建造杰出建筑的就只有那些大型私营企业了，比如银行和保险公司，它们倒是与旧时的贵族和神职人员一样，对建筑好坏很上心，但这也是考虑到建筑对其市场营销的价值而已。当我们走出"明星建筑"所笼罩的耀眼光环（比如进入产业世界中黯淡无光的领域），整个景象着实让人愈加沮丧。曾经有过可以令企业引以为豪，并且能体现出商业价值和品质的建筑，但其周围的大部分生产设施在建筑学上的意义不大，就如维特根斯坦所言一样："……并不是每一个人类有意识的动作都可以称之为姿势，正如，并不是每一栋楼房都是为了被设计成某种风格的建筑。"

不过，幸好这些希望一直都在，主要是德国南部的邻国奥地利和瑞士，当然德国的国土内也有类似的迹象，它们来自阿尔卑斯深处的山麓丘陵，那里的建筑公司拥有自己的理念，反映出悠久的传统、优秀的品质和精良的工艺，并且通过其精心设计和建造的那些总部大楼体现出来。

建筑设计：德斯庞建筑师事务所（Despang Architekten）

建筑师：马丁·德斯庞，巩特尔·德斯庞（Günther and Martin Despang）

项目地点：德国，勒讷克罗格

建筑面积：294 m²

建筑成本：500 000 €

竣工时间：2009年

照片版权：奥拉夫·鲍曼（Olaf Baumann）

所获奖项：2010/2011年度国家设计奖之"ACSA的学院设计荣誉奖"

每年每平方米能源消耗：15 kWh /（m²·a）

生态理念：

克罗格曼总部在生态设计方面的方法论实践是强调自然的重要性。而今在能源估算上技术方式占主导地位，该项目的设计师则独树一帜，对这一点提出了质疑。克罗格曼和德斯庞合作开发的建筑基于他们之前建造大量被动式住宅所应用的根本原则，通过直觉经验和知识完成了建造工作。

这些原则并不是对科学的颠覆，只是将其尽可能简化，归结起来无非就是"朝向、隔热、气密性和热量回收"，建筑的平面和剖面在几何学意义上呈现一个圆锥形，它向日光充足的南面敞开，而建筑北面的阴面则完全闭合。所有南面玻璃都向室内退进，这优化了日光效率，从而也避免了夏季照射过热，通过对锥形几何体的隔声效果的优化，提高了开阔空间的工作效率。

对于该建筑的评估在房屋使用满一年后结束，在此期间这栋建筑没有产生任何关于能源的账单，这一点也证明了此方法的正确性。附近的厂房中有PV设备，其剩余能量就可以满足这里照明、电脑用电以及一个吹风机大小的备用暖气的能源需求。

该建筑实现了"地球与人类和谐共存"，并为克罗格曼的员工们提供了一个良好的氛围，使他们可以健康愉悦地工作，同时也给这座小镇的社区也带来了积极的进步意义。

Ecological idea:

The Headquarters Krogmann's methodological approach to ecological design is of critical nature in the sense that it questions the increasingly dominating technocratic way of energy calculation.

So the case studying alternative strategy was that Krogmann's and Despang's as experienced contractors and architects who have built numerous Passiv Houses before applied the essential principles in a way of intuitive experience knowledge application.

The principles not being rocket sciences but as simple as "orientation, insulation, airtightness and heat recovery", the building became an geometrically strategic cone in plan and section which opens to the solar south and closes to the cold north. The set back of the daylight efficiency optimizing all glass south face provides the summer overheating protection, the highly insulated cone geometry acoustic optimization of the work efficiency stimulating wide open space.

The assessed close to not existing energy bills after the first year of operation proved this method right. An added PV equipment on the neighboring manufacturing building covers the little remaining energy needed for lighting, computers and in the size of a hair dryer back up heating and makes the building off the grid.

The building with that become a "planet and people friendly alien" supporting the Krogmann crew to be a happy and healthy work force sending a positive progressive postfossil message into their small town community.

This system works as a diffuse structure with neither hierarchy nor a Cartesian structure of load bearing walls, but as a whole structure working together.

克罗格曼公司的案例就很有感染力。这是一家位于德国北部的传统木材公司，它由休伯特·克罗格曼创建于1960年，2007年公司移交给他的儿子康拉德和女婿海克。克罗格曼公司致力于树立客户口碑，从不轻言放弃。因此多年来，特别是在建筑师群体中获得了良好的信誉。2007年，康拉德·克罗格曼对新收购的公司进行了竞争力分析。之后他意识到，尽管自身经济状况不错，但是在体现公司建筑理念方面，周边国家的竞争对手走在了他的前面。为了可以在竞争中立足，他决定为自己和员工们重建公司总部大楼，使之成为一个新的办公空间。他作为规划者选择了德斯庞建筑师事务所进行此项工作。

项目启动之时也是挑战的开始，因为当时德斯庞建筑师事务所刚刚经历了重组和再分配的过程。一方面，马丁·德斯庞和实践基地位于德国的汉诺威和慕尼黑，而每年春秋两季的科研和教学平台则设在林肯，位于美国内布拉斯加州。所以这个项目的实施方式也明显烙印了跨文化和跨大陆的风格。

通过在ILMASI和后来ILSEDE学校项目上的合作，家族企业克罗格曼和德斯庞对生物气候建筑设计有了更进一步的了解，这也是他们自我学习的过程。

对场地条件进行分析后得出，该地的东南角无论是俯瞰村庄，还是从村庄远眺建筑，均是有利取景的位置。建筑可以朝南向太阳和公众敞开，这样处理具有非凡的意义。梯形形状彼此交织，从内至外，反之亦然。

模型图：北面冬季风洞测试 MODEL IN WIND TUNNEL TESTING WINTER WINDS OVER NORTH FAÇADE

模型图：南面被动式太阳能的获取 MODEL TESTING PASSIVE SOLAR GAIN THROUGH SOUTH FAÇADE

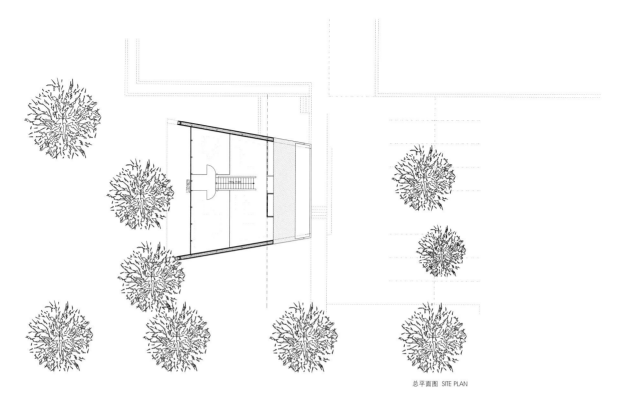

总平面图 SITE PLAN

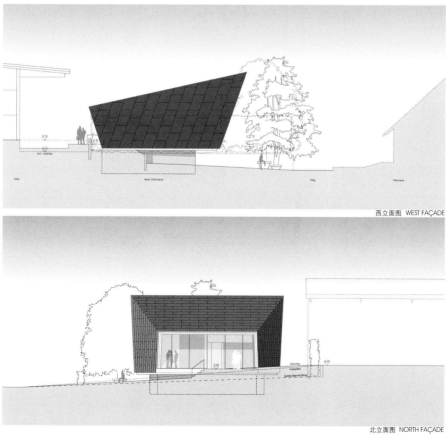

西立面图 WEST FAÇADE

北立面图 NORTH FAÇADE

北边低矮入口一侧，利用热力学驱散冬季寒风，内设木制房间，其中包括洗手间和绘图室。空间从这里开始在宽度和高度上向内侧延展，有利于进入日光和优化被动式太阳能系统。

上升空间为南面画廊创造了空间，它与低矮的狭窄入口形成鲜明对比，在这里可以看到室内正面视野的全景，这种结构体现在建筑物上就形成了其标志性的外观。纵贯南北的斜坡也被用来加强两个方向的辨识度。建筑与一座T台相连，朝南的悬臂建在一个混凝土基座上。基座如同一个内核隔热的夹层结构，上层结构将其封闭，而覆盖它的混凝土盖如同一个活化热地板。

考虑到促进内部沟通交流的需要，室内希望建成开放式的，因此最终形状采用了锥管形，其使用的木料和制造乐器的材料相似，状如长笛，墙面彼此并不平行，木料材质的多孔性使其在声学方面得到了优化。内表面狭长的窄道在施工时在其实木嵌板层中加了保温隔热材料，同时还可以储存热质、调节湿度。通过木材持续的传导性，北入口处的玻璃幕墙源源不断地收到热量，同时向南伸出的悬空屋顶也可以避免夏季过热。

为了配合建筑这种昙花一现式的想法，木材内核周围嵌入了一层轻钢结构，在这之外又盖上一层薄纤维水泥板，建筑的六个外立面均是如此，这种材质具有全天候保护功能。顺应建筑材料的简单色彩构成，只有南立面、室内隔墙和楼梯栏杆使用了玻璃。该项目在协同努力中重新定义成员角色，可谓是典范之作。

为了取得建筑许可，建筑师按照提交材料的要求对设计进行了深化和图像化，他们在接下来的细节设计、施工文件和分块总体承包几个阶段中也都密切配合，不过基本上克罗格曼公司属于独挑大梁。通过与ILMASI学校的合作，人们意识到经验老到的建设人员所具有的优势，他们的头脑和双手保持同步，即 "想"和"做"相结合，在更为宽泛且有效的范围内使建筑文化恢复活力，再次回归。

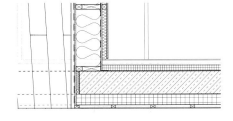

细节图 DETAIL

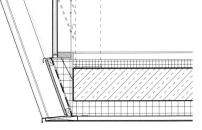

南立面细节图 DETAIL SOUTH FAÇADE

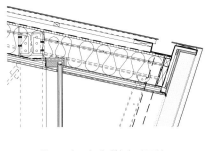

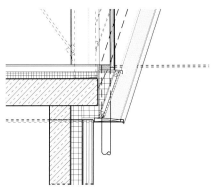

北立面细节图 DETAIL NORTH FAÇADE

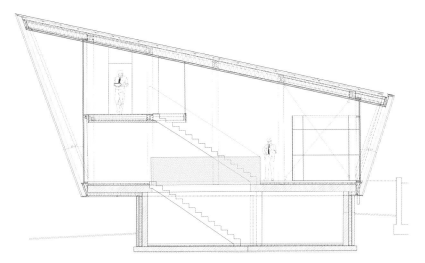

剖面图 SECTION

仅这就一点而言，克罗格曼总部大楼已经是物有所值了；之所以这样说，是因为该项目的建设者在这座小城镇中的踏勘工作令人瞩目，他们使那些对建筑持怀疑论调和充满好奇心的人们加入到启迪思维的沟通之中。

项目进一步加深了人们对其建筑的理解，并在慢慢地改善着人们的态度，这种"建筑化"的方式在克罗格曼公司网站上有充分的体现：休伯特·克罗格曼身着西装、打领带，这是他们这代人的典型装束，矗立其后的水泥屋顶房屋是他为自己公司建造的，房子的屋檐与街道平行，屋顶上的无烟煤水泥纤维瓦是其特色。

121

THE PROTECTING WOODEN ENCLOSURE OPEN
TO SUN AND BREEZE LIGHTER

POSTFOSSIL 后矿物时代生态木盒幼儿园
ECOWOODBOX KINDERGARTEN

该幼儿园可以容纳70名儿童，还可以烹饪新鲜晚餐——这在邀请几代人参加社会聚会时，可以很好地招待他们。

在我们可想象的未来——后矿物时代到来之际，汉诺威市成长起来的第一代人，面临的一个挑战就是要有一个适当的教育场所，这代人对未来此项无疑是负有先导责任的。在这样的场所之中，儿童活动要与太阳相互协调，这点也是基本的热能调节。项目改良了建筑围墙，并对围墙做了调查研究，不仅确保其有益于生态环境，彰显建筑理念，还能兼顾空间、形式与自然，达到多重平衡。

该场地是1950年郊区标志性的布景之一，建筑密度和户外空间的绿植配合得当。本项目是对之前一座幼儿园的重建，此前的幼儿园建于20世纪70年代早期，使用矿物燃料，且排放出大量的碳。它建造的位置"阻塞"了一条公园走廊，这条走廊是原本世纪中期总体规划的起点，供人们在此度过闲适时光。差不多半个世纪之后，人们要求恢复原有方案，无论是从场地使用策略来讲，还是

建筑设计： 德斯庞建筑师事务所（Despang Architekten）

建筑师： 马丁德斯庞，巩特尔 德斯庞（Günther and Martin Despang）

项目地点： 德国，哥廷根

建筑面积： 658 m²

建筑成本： KG 300（建筑）= 925 000 €，KG 400（环保系统技术）= 250 000 €

竣工时间： 2008年

照片版权： 奥拉夫 鲍曼（Olaf Baumann）

所获奖项： 2011 / 2012年度ACSA的学院设计奖

每年每平方米能源消耗： 15 kWh / (m²·a)

生态理念:

这次的场地中，项目地点的南面有多棵落叶乔木，受此启发，设计方决定更新并改变这个构造体系，建造汉诺威市的第一个被动式房屋的幼儿园。

其策略是在墙体建造上利用木材低传导率的优势和大跨度TJI木桁架系统成为结构墙体，而里面填充的是再生报纸纤维素。

建筑北面是封闭的，在此使用热改性木材建成屏风式外立面，体现出其"硬"的一面，而在东西两面则是逐渐而巧妙地打开，过渡到南面的玻璃幕墙，它起伏的波浪形展现出了建筑"柔"的一面。整面整面的玻璃使这里的孩子们可以与空间亲密接触，而建筑前面的树木则可以在夏天缓解强烈的日光照射。

21世纪建筑事务所的《费顿世界地图集》中包含了该项目，它采用的建筑方式技术含量低，不引人注意；而相邻的诺德LB银行是贝尼奇及其合伙人建筑师事务所设计，它使用的方式具有相当高的技术含量且非常高端。同处一地的建筑，运用了两种截然相反的建筑方式，这展示出了生态建筑取材广泛、策略方法种类繁多的特点。

Ecological idea:

The project's ecological approach stems from Despang Architekten's international and cross-cultural investigative operation, here in particular the research platform in the US where the dominating structure is light wood frame which from a European point of preferred thermal mass stereotomics is mainly considered cheap.

The given site with mature deciduous trees on the south side of the buildable footprint inspired to adopt and update / innovate this tectonic system for building the first Passive House kindergarten for the city of Hannover.

The strategy was to take advantage of the property of low conductivity of wood and use the wide span TJI wood truss system for the walls as to achieve a structural wall which in its substance is filled with cellulose out of recycled newspapers.

With a mainly closed and screened with Thermally Modified Timber "hard" front to the north the building gradually and subtly opens to the west and east to turn into a "soft" undulating all glass front to the south which maximized spatial intimacy for the children in their groups and the solar exposure which is naturally mitigated by the trees in the summer.

The low tech end / low key approach of the project in the Phaidon World Atlas of 21st Century Architecture next to Behnisch Architekten's great high tech / high end Nord LB bank greatly shows the wide variety of strategies for bioclimatic architecture here at the opposite ends of the same side.

从建筑学的角度来看，都希望建筑再次充分融入环境之中。顾及到场地中的成材树木，还考虑到对其自然遮阳优势的利用，新建筑所覆盖的面积与之前的建筑结构大体相同。它根据人类共有活动和儿童特有活动进行了清晰的构建。工作人员的活动空间一律沿北端对齐，并与线性流动空间相连，通过它还可以到达南向的起居室；其宽度足够服务之用，而且这里也可以禁止车辆通行，从而成为了儿童专用游戏街道。建筑围墙从北面的完全封闭过渡到南面最大限度地开放是应用了能量智控技术，其内部层次结构也与此相呼应。

景观方面的复原目标需要通过对建筑北面的处理加以实现，北面没有被处理成一个平立面，而是将垂直木板顺序排列，在透光口减少木板数量，使建筑融入自然的绿地构造格局。在较暗的时节，阳光通过栅格部分照射进屋子，增加了神秘感，也会增强孩子们的好奇心。不止如此，在人们看来，外立面更像是一种景观，而非建筑构件，因而基于景观元素受到侵扰较少的这一情况，同时通过这种处理也可以预防对公物的破坏，从而降低维护成本。室内游戏大厅中，通过天空光线的韵律增强了空间的过渡效果，成为了从这里到客厅的一种自然路标。南面并列的玻璃外墙向太阳和光亮敞开怀抱，这种结构也是主要的热能工具。外墙的曲面设计在太阳一天的移动中可以将室内最大化地暴露在阳光中，同时获得太阳热能。就空间而言，波浪形玻璃幕墙的凹陷区域给人以亲切的感觉，还使室内外顺畅过渡。从公园望去，整片玻璃幕模糊了建筑的体量感；而从建筑内部看去，建筑和景观也已融合在一处。

模型 MODEL

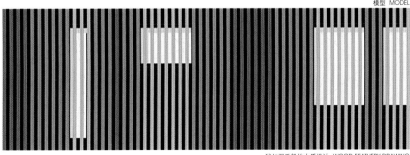

犹如羽毛般的木质设计 WOOD FEATHERY DRAWING

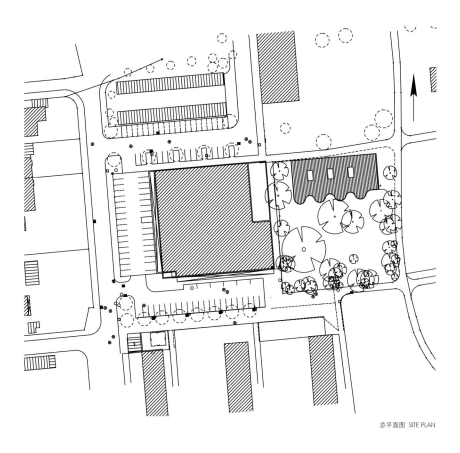

总平面图 SITE PLAN

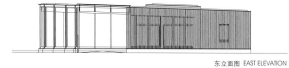

东立面图 EAST ELEVATION

西立面图 WEST ELEVATION

北立面图 NORTH ELEVATION

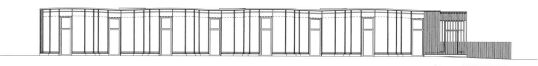

南立面图 SOUTH ELEVATION

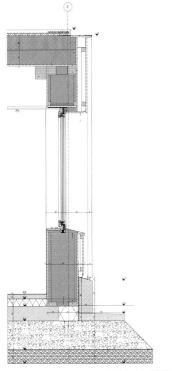

边缘细节图 DETAIL VERGE

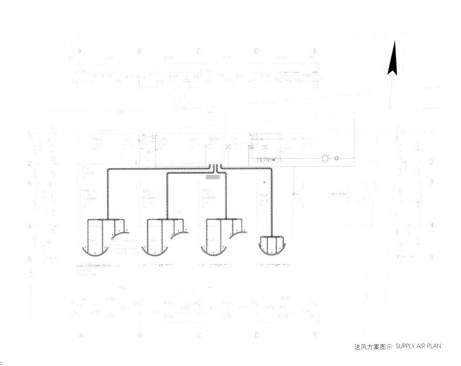

送风方案图示 SUPPLY AIR PLAN

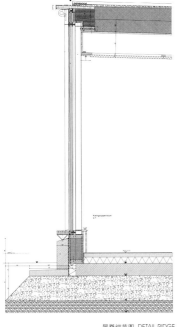

屋脊细节图 DETAIL RIDGE

在任何情况下，教育建筑只有与教导构想结合才能体现其卓尔不凡之处，于是在项目施建之初建筑师就与Zywitza夫人和其团队密切配合，制定了建筑概念。由于只此一个方案，似乎可以预见到公众和建筑师对于何种建筑方式适合儿童有着巨大的分歧。公众所持有的态度被称之为"玩具反斗城"（TOYS "R" US）的心理，即认为越大越好，色彩越艳丽越好。规划团队则坚持传统"玩泥巴的户外活动"，因为在自然之中，复杂的纹理和图案都化繁为简，返璞归真，比起资本主义驱动下的人类想象力来说，大自然更具启发性，而且是取之不尽用之不竭的。这在过去的所有教育项目中一直都争论不休，所以当小组给座谈人员和委员会介绍此项目时也不例外。不过幸运的是，客户非常开明，他们选择了泥巴。

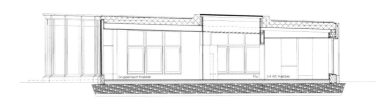

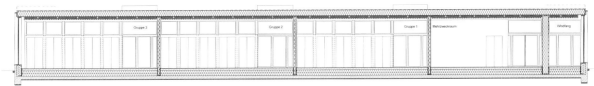

横剖面图 CROSS SECTION

后矿物时代哥廷根大学幼儿园
POSTFOSSIL GÖTTINGEN UNIVERSITY KINDERGARTEN

该项目是一所新建的后矿石时代幼儿园，隶属于哥廷根大学。它也是德斯庞建筑师事务所对教学建筑设计类型学原型系列的最新研究案例；这一类型在助力社会发展和进步方面极具潜能，通过人们的支持，再加上时间的磨砺，建筑质量和生态品质都将不断累加。最近在美国和德国，教育领域以及教育建筑的体现形式都被认定是社会的核心价值之一，人们的拥护也为之带来了激增的资金支持。

维基百科上说："哥廷根之于德国，就如剑桥之于英国，耶鲁之于美国一样，像一个自成一体的省市，如果是为了研究和学习，人们毕生都可在此度过，教授们也因此信誓旦旦地说这里是思想中心。"

在建造这个绿色校园新结构的过程中，为了将对动植物的伤害减到最少，此项目经过调查分析和各种反复论证之后，决定建在现存老宿舍（1970年建造）和新实验室楼旁边。而在谈判中发挥了重要作用的还有"普通草原犬鼠"，这种动物作为该地区的濒危物种，已在工地附近安家落户。

建筑设计：德斯庞建筑师事务所（Despang Architekten）

建筑师：马丁·德斯庞，巩特尔·德斯庞（Günther and Martin Despang）

项目地点：德国，哥廷根

建筑面积：512 m²

建筑成本：1 300 000 €

竣工时间：2010年

照片版权：奥拉夫·鲍曼(Olaf Baumann)，约亨·史都伯（Jochen Stüber）

每年每平方米能源消耗：19 kWh / (m²·a)

生态理念：

建筑师们在美国亚利桑那州（蒙特苏玛城堡）调查了土著生物的动物居穴和人类居所之间的相互影响以及两者在自然中的融合，其结果反映在该项目上即自然和建筑的混杂。具体表现为：垒起一个坡台紧挨建筑北面，这既缓解了此方向吹来的寒风，也解决了西面夏季过热的问题；南面最大限度地朝日光方向开放，东面入口和毗邻的4~6层的多栋建筑共用同一个基础设施，于是通过这些方式，自然与建筑很好地结合在一起，作为后矿物时代生态木盒幼儿园的后续项目，相比前一项目，此处缺少自然树荫，于是建筑的南面前部建造了混凝土构架，框架投下相互交织的阴影会随日光移动，保持室内对户外清晰可见。多功能框架可以起到栏杆的作用，另外它们的形状也增进了烟囱效应的散热效果，无论是建筑立面还是孩子们的活动场所都可以受益。框架深度和孩子们的身高相仿，使他们可以愉快地在这里嬉戏。

水泥结构延伸进室内，里面的部分被特意留出来展示预制建筑材料，这种材料在冬季通过储存太阳能热量来帮助加热室温，而夏季则通过对夜晚凉风的吹拂达到为建筑降温的效果。

建筑顶部厚厚的隔热层上方覆盖着大面积的屋顶绿化，这有助于防止热岛效应，也为建筑本身和周边相邻的建筑提供一个舒适的热度环境，甚至还可以在这栋建筑上种植供孩子们食用的蔬菜，一举两得。

Ecological idea:

The site being a flora and fauna rich campus of Germany's most traditional university and the US research platforms of Despang Architekten in Nebraska (home of the sod house) and Arizona (Montezuma Castle) made the architects look into the most indigenous ways of animal and human dwelling in direct interaction with and integration into nature.

The result was a hybrid of nature and architecture being bermed to the cold north and summer overheating problematic west orientations and excessively opening to the southern sun and the being entered from the east in sharing the infrastructure of adjacent 4 - to 6 story buildings.

Being the follow up project of the previous postfossil ecowoodbox kindergarten, lacking the natural tree shading that one had, concrete frames in front of the south faced hold movable textile shading which keeps the views into the outdoors unobstructed. The multi-functional frames serve as balustrades and their geometry encourages stack effect cooling of the façade and occupation of the children as they are as deep as the children tall so that they lounge in them.

The concrete continues in the inside where it is the left exposed prefabricated construction material, which helps to heat in the winter by storing the solarly harvested energy and cool the building in the summer through flushing it with the cooler night air.

The extensive green roof over thick insulation helps to thermally comfort the building and the direct neighboring buildings by preventing a heat island effect and offers itself to the children to grow their own vegetables on their building.

被动式房屋暨后矿物时代设计的需求在特定气候带中即为朝向（向南开放，对北面封闭）和隔热（将周围所有方面都包裹起来），建筑经过与客户协商同时还顾及到草原犬鼠，最终成为一个景观和建筑设计的混合体，取名为"城博士和隐先生"（Dr. Urban and Mr Hide），表明建筑理念的双面性，即建筑朝向南面，而景观则从西北两面贯穿坡台。

建筑入口在东面，它与现有两栋建筑共用周围的基础设施，从而加强行人出现的频率。在东边开辟建筑入口的意图是要利用毗邻宿舍楼的投影，以便在夏季避免早上的太阳照射。"草原犬鼠幼儿园"密集的屋顶绿化保证了宿舍和实验室间的微气候处于平衡状态，防止传统的硬景观屋顶所造成的"热岛效应"。

若将建筑理解为事件和活动的空间表达方式，那么只有在它作为一种形式物质化之后才有意义，将其物质化需要具体情况具体分析，而且对之前同类型建筑的调查也非常重要。对于不可预测的未来人口发展，德斯庞建筑师事务所做出了回应——他们的第一个幼儿园项目——采用了钢骨架和可逆砖外层与对缝干砌法；ILMASI学校被打造成为智障儿童量身定做的实木构造，满足这类孩子对多感官表达的需求；伊尔瑟德学校外部是热调节水泥结构，内部是砖沙填充的蓄热体；汉诺威市建造的后矿物时代幼儿园使用了纤维素隔热木框架构造，对ILMASI炭化木外墙做了进一步开发。

哥廷根幼儿园受到其对蓄热体敏感性的影响，如此处理的原因一方面是设计者对以往原型进行了批判性反思，而另一方面是建筑事务所位置的搬迁——从慕尼黑搬到有"Elb-佛罗伦萨"之称的德累斯顿，办公区远离了卡尔·梅生活和工作的地方，与此同时研究平台在美国亚利桑那州的图森落户，在那片沙漠里的绿洲中动物们白天都躲在地下，向人类示范了地热降温的潜力。

勒·柯布西耶对"模型屋"的研究令建筑师们想起了他对一个项目的调查情况，那是一个在大自然昙花一现的项目称为"云天下的阴性建筑"，与这个调查并行的是他另一个更广为人知的研究，即"多米诺屋"，它也运用了"地中海阳光下阳性建筑"的原理。

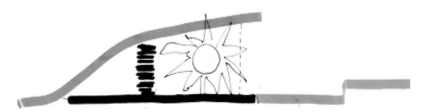

先例：弗兰克·劳埃德·赖特雅克布斯的房子 PRECEDENT FRANK LLOYD WRIGHT JACOBS HOUSE II

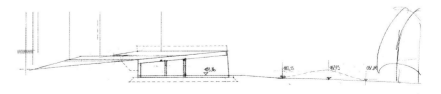

初步手绘剖面草图 PRELIMINARY NAPKIN SKETCH SECTION

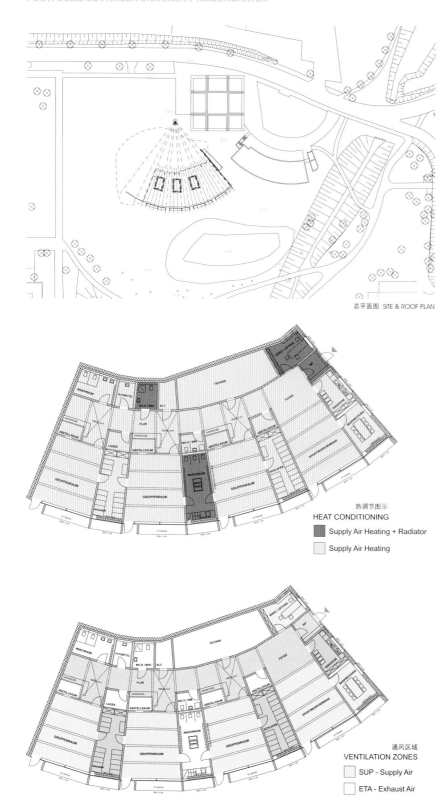

总平面图 SITE & ROOF PLAN

热调节图示
HEAT CONDITIONING

■ Supply Air Heating + Radiator
□ Supply Air Heating

通风区域
VENTILATION ZONES

SUP - Supply Air
ETA - Exhaust Air
SUP / ETA
TRA - transmitted Air

即便可以与具体外部因素和谐共处，它依然是建筑，要实现其自然性和生态性就要保证处于阳光照射之下，因为充足的阳光让人感觉既稳固又舒适。在冬季，智能太阳能收集系统可以实现自我调节热能；而在夏季，夜间可以将之前获得并储存下的能量以滞后的方式释放出去，实现房屋降温。

为了使这一原理易于理解，建筑师们致力于寻找一种构造体系即有形物，可以将预算最小化，而使建筑的设计感和环保性达到最大化，这体现在砌筑的预制水泥系统以及其暴露在外面的空气导管上。零件部分，预制墙壁和天花板在场地中的组装并没有使用生产作业方式，而且部件接缝也极少，内墙表面显出令人惊叹的抽象性，这也使它有别于数年前校园内的粗坯水泥建筑。

光线作为经典的建筑元素，它可以使建筑单体显得更轻盈。该建筑的形式是在走廊设置一字排开的天窗，使入口到游戏室的一段走廊得到突出的效果，形成一种自然路标，提升导向性，同时光线也可以照射到水泥墙上面上，令材质看起来像天鹅绒般柔软光滑。

房间的顺序非常传统，其安插排布根据有效分区进行，并希望可以通过空间分层的方式扭转预算吃紧带来的挑战。先是为行政管理设置的服务室，其后是被动式房屋技术间和洗手间，房间高度依次抬升；接下来是线性流通走廊，它除了有连接功能，还用做传递体力活动的空间，从这里到达细长高挑的卧室、浴室以及宽阔高大的"客厅"，这里从地板到天花板都是玻璃，模糊了室内与室外的边界。

内部和外部之间的转换是通过厚度为20 cm的单片水泥墙延伸到屋外实现的，其上下各插入一个尺寸相同的横框，构成了其结构外形。而且此元素具有多项功能：底部可做凹室用于歇息，顶部高出的部分是栏

PASSIVE

ACTIVE

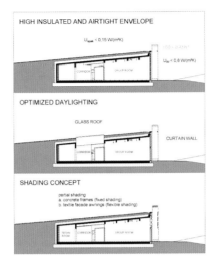

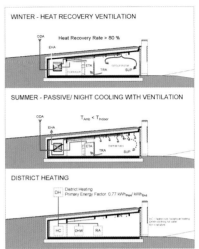

能量图解 ENERGY DIAGRAM

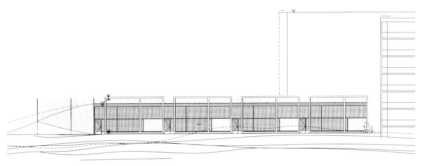

南立面图 SOUTH ELEVATION

杆和护栏；它甚至还是动态遮光屏的载体，与立面前面的框架齐平安装，从而和玻璃幕墙之间存在一个间隔，并且通过烟囱效应控制夏季过热，用投下的阴影降低温度；同时还保证了孩子们的视线无阻，令他们对户外的花园空间一览无遗。

剖面图解 SCHEMATIC SECTION

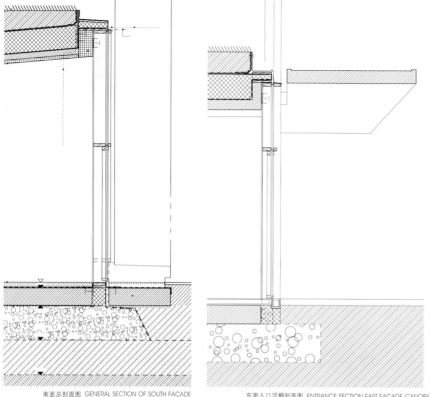

南面总剖面图 GENERAL SECTION OF SOUTH FAÇADE

东面入口顶棚剖面图 ENTRANCE SECTION EAST FAÇADE CANOPY

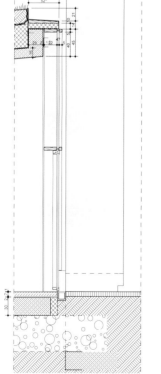

大门南面剖面图 SECTION SOUTH OF DOOR FAÇADE

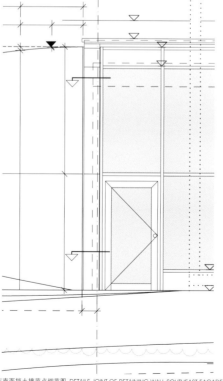

东南面挡土墙节点细节图 DETAILS JOINT OF RETAINING WALL SOUTHEAST FAÇADE

从平面图排布来看，建筑稍微呈现扇形放射状，这是为了配合建筑分段中类似的动态移动，并且有助于对太阳能玻璃的硬表面和热质水泥墙进行几何声学方面的补偿。作为额外的声学支持，天花板覆盖着剩余的天然木丝板。

室内嵌入材料统一为油浸云杉木。门和水泥墙齐平，所有玻璃都采用无框方式，直接与水泥接触，以印证空间不间断流转的理念。

承载空间的地板使用了新织就的油毯，这是幼儿园的经典地板材料，是包豪斯油毯制造商DLW阿姆斯壮制造的产品"漆布艺术"。设计人员选择的"黑色苍穹"样式，体现的是夜晚的璀璨星空倒影在湖面之上，在这上面再放置供儿童活动的小块地毯，一块块色彩鲜艳的地毯就像一座座岛屿，趣味十足。

R.M.辛德勒的"国王道住宅"给了设计师灵感，这座建筑的所有表面都显示了材质的真实纹理和色彩，而没有借助"化妆"来修饰，通过这样的方式显著区分了不同建筑部件的不同功能，对幼儿使用者来说，这是最佳的区分方式。比如冬季储热、夏季制冷的整体式矿物质墙，吸收噪声的木丝吊板纹理和兼具硬度和弹性的敞口以及衣柜木料，所有这些都是为了尽量提供给孩子们一个最素净的环境，让他们可以在这里制造形式多样、色彩各异的工艺品，这也是对他们自己的创造力进行的最实在的鼓励。

建筑的意图是希望它可以成为真正意义上的全新建筑物，可以为居住在这个环境中的所有生物带来自然且积极的影响。其中，最重要的就是孩子和老师们，当然还有草原犬鼠，以及那些行走在他们各自世界中的教授们，还有哥廷根乔治——奥古斯特大学校园中的绿化带。

被动式房屋特殊的测试标准

特定年度取暖需求（年度计算方法）：15.0 kWh/(m²·a)

特定年度DHW需求（包括热损失）：8 kWh/(m²·a)

特定初级能源需求（DHW、取暖、辅助电）：37 kWh/(m²·a)

特定初级能源需求总量（DHW、取暖、辅助电、照明和电器）：89 kWh/(m²·a)

电力需求（辅助电、通风、照明和电器）：25 kWh/(m²·a)

积极有效的空气交换：0.44 h^{-1}

n_{50}（增压试验结果）：0.43 h^{-1}

热回收通风装置：AI-ko Therm Kombi 2400-1

空气流量：2 230 m³/h

特定风扇电源：0.44 W/(m³/h)

热回收率：80%

热发生：分区供暖最低为 50℃或70℃

热负荷(eCCPHPP)：13 W/m²

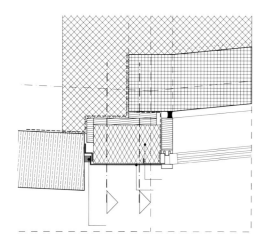

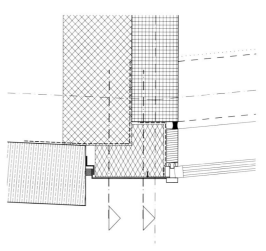

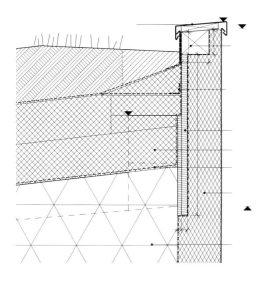

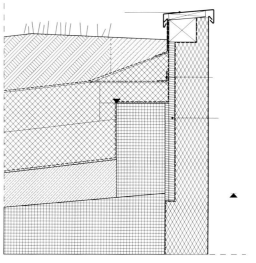

东南面挡土墙节点细节图 DETAILS JOINT OF RETAINING WALL SOUTHEAST FAÇADE

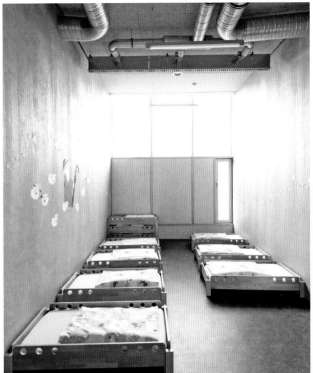

ROOF DEC

OPUSHOUSE 欧普士建筑

生活和工作于这个城市

达姆施塔特的普伦内斯街有着浓郁的自我风格，这不得不说是其别具一格的建筑突现了这一点。这里的周边街区明显具有威廉二世时期的特色，不过其中一幢仅有两层楼高的房屋，与周围其他建筑形成了鲜明对比：这栋建筑在一片空地旁，它按照周边现存建筑的风貌进行了修整和加高，补齐了建筑前后两侧的高度差。其玻璃幕墙构成的立面与屋顶相连，恰到好处地形成了一个装饰性的檐口。与旧楼相比，由于空地上填入了一座透明的办公楼，使两栋建筑之间的距离缩短了，建筑的体量与比例恰好能与周围建筑相互呼应。

建筑立面由部分可开启的各层通高玻璃幕墙构成，它们和屋顶衔接，形成了上部露台的边缘。按照要求设计的车库位于"抬升后的底层"上，在高度上与较低的楣梁饰带相得益彰。在建筑的构架方式中，内部结构也重新做了调整。新旧两栋建筑，即办公楼和住宅楼之间，还新建了一座相互连接的楼梯。经过加高的旧建筑，用两套宽敞的复式公寓代替了原来那些空间狭小的单层公寓。楼下一层的庭院里有开放空间，楼上一层还有一个在办公楼顶层的露台。新建筑能够提供敞亮而灵活的工作场所，还可以根据要求，通过空气间层将两层或更多的楼面联系到一起。

建筑设计：欧普士建筑师事务所（opus Architekten）

建筑师：安克·门辛（Anke Mensing），安德烈亚斯·泽德勒（Andreas Sedler）

项目地点：德国，达姆施塔特

建筑面积：940 m²

竣工时间：2007年

照片版权：艾贝·索尼肯（Eibe Sönnecken）

所获奖项：2011年法兰克福莱茵-美因绿色建筑奖

2010年黑森州+图林根州可持续建筑奖

2009年建筑效率和优秀建筑，区域获奖者

2008年黑森州模范建筑

2008年联邦德国建筑师协会约瑟夫·玛丽亚·奥尔布里希徽章

2008年布索太阳能屋顶价格奖

2008年德国太阳能奖牌

能源概念

建筑所有活动均达到了被动式房屋的标准：

- 围合表面具有良好的气密性且高度保温隔热，只有一组三折的玻璃立面使用了氪气填充；
- 空气的供给通过经调节可控的独立通风系统实现，这套系统还能回收能源，由此可避免空气渗透导致的热能损失；
- 接地换热器保证了额外的温度平衡，但如果被动式供暖仍不能满足需求，分散式的百叶型风口还可以再次加热空气，为此该建筑特意安装了最小的气体热值恒温器；
- 太阳能集热器和光伏电池板安装在倾斜的屋顶表面，它们同时可为屋顶提供遮阳的功能，细部结构与配色并不张扬，这是为了使屋顶尽可能融入到由金属和瓦板覆层组成的周边环境中；
- 太阳能集热系统为建筑物提供热水和供暖；
- 通过光电池产生的能源会进入公共电网；
- 雨水收集在水箱内，用于厕所冲水和浇灌花园。

生态理念：

冬季受限通风：由回收热能辅助供暖；

夏季通风：通过接地热交换器冷却空气。

产生的能量和光电能源会回馈到公共电网。

太阳能热源系统同时为建筑的新老部分提供热水和采暖。

所收集到的雨水全部用于座便器冲水和花园浇灌。

Ecological idea:

Controlled ventilation in winter: heating supported by heat recovery. Comfort ventilation in summer: cooling the air by earth heat exchanger.

Power generation by photovoltaics injected into the public electricity network.

Solar thermal system provides the building with warm water and supports the heating system.

Rain water collected in cistern and used for wc-flushing and garden watering.

"然而，这项改造也说明了，科技不一定要应用于单个现代立面中。这组建筑就是很好的证明：城市中的生态改造并不一定与立面有关。"——马伦·哈纳克（Maren Harnack），世界知名建筑师

通过这些手段，设计师填补了城市中的一处空隙，建造了最小化后的主体以及周边住宅的外围表面。通过再致密化的过程，抵消了城市景观的消费。

对用户而言，工作生活一站式完成，其他琐事用一辆汽车就可以全部解决了。

项目所在地：从无到有 SITE: NONE TO EXIST

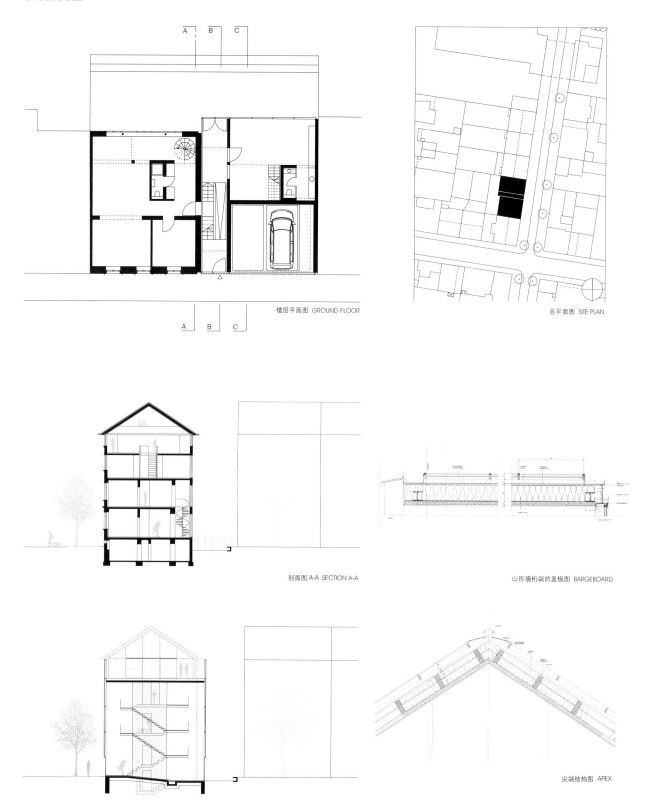

楼层平面图 GROUND FLOOR

总平面图 SITE PLAN

剖面图 A-A SECTION A-A

山形墙桁端的盖板图 BARGEBOARD

剖面图 B-B SECTION B-B

尖端结构图 APEX

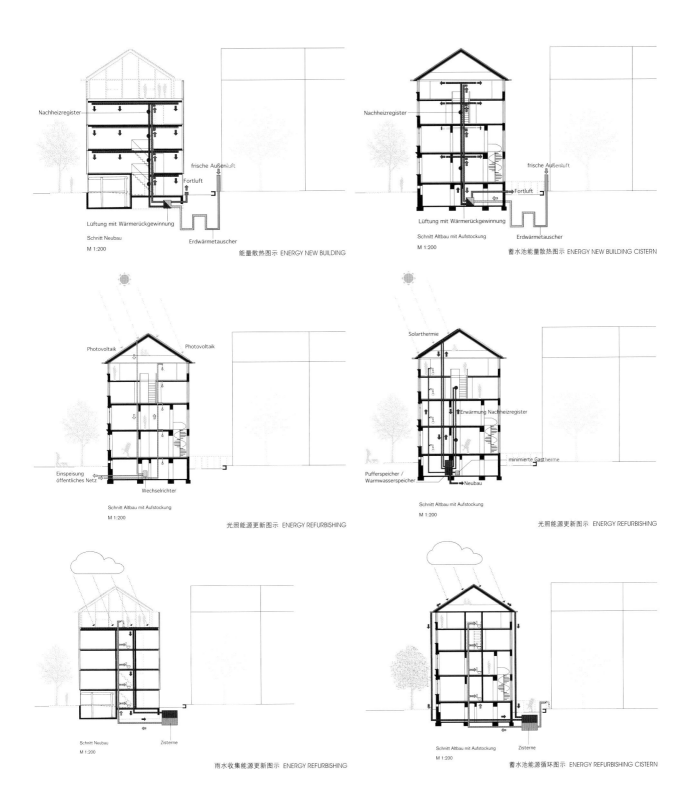

Nachheizregister

frische Außenluft

Fortluft

Lüftung mit Wärmerückgewinnung

Erdwärmetauscher

Schnitt Neubau
M 1:200

能量散热图示 ENERGY NEW BUILDING

Nachheizregister

frische Außenluft

Fortluft

Lüftung mit Wärmerückgewinnung

Erdwärmetauscher

Schnitt Altbau mit Aufstockung
M 1:200

蓄水池能量散热图示 ENERGY NEW BUILDING CISTERN

Photovoltaik

Photovoltaik

Einspeisung
öffentliches Netz

Wechselrichter

Schnitt Altbau mit Aufstockung
M 1:200

光照能源更新图示 ENERGY REFURBISHING

Solarthermie

Erwärmung Nachheizregister

minimierte Gastherme

Pufferspeicher /
Warmwasserspeicher

Neubau

Schnitt Altbau mit Aufstockung
M 1:200

光照能源更新图示 ENERGY REFURBISHING

Schnitt Neubau
M 1:200

Zisterne

雨水收集能源更新图示 ENERGY REFURBISHING

Schnitt Altbau mit Aufstockung
M 1:200

Zisterne

蓄水池能源循环图示 ENERGY REFURBISHING CISTERN

AUTARC HOME 自给自足的家

对被动式房屋而言，太阳是它最重要的能量来源。因此在建造时，选择把窗户的朝向定在南面以获得最多的热量。而另一方面，在夏天，窗户应该转向以避免太阳照射导致室内过热。普通住宅在这一点上只能通过一些复杂的耗能机制，如利用中央轴改变房子朝向。如此一来，就要求底座几乎呈一个圆形，为此外墙和空间的处理上也需要解决很多问题。

类型相似的建筑，如位于德国弗赖堡的"向日葵"，或魏茨的"双子大厦"都有过这样先例，但是对于一个设计理念仅仅定义在"家"的建筑上，这样的开发和生产成本都太高了。

然而浮动房屋却可以解决这一问题，位于水上的房子将自身重量分散到整个区域中，这样一来转向上存在的阻力很小，需要的能量也少，还可以保留旋转轴，以减小楼层面积上的限制。

大多数浮动房屋都是建在一个简单的浮船底座上——底座只是支撑建筑并不作为可用空间使用。设计师在萨尔茨堡应用科技大学的毕业论文中就曾经提出使用木

建筑设计：迈克尔·翠柏斯建筑事务所（Michael Tribus Architecture）

项目地点：奥地利，魏森塞

竣工时间：2008年

土地面积：2 200 m²

可用面积：101.7 m²（加上环形人行桥76 m²）

照片版权：迈克尔·翠柏斯建筑事务所

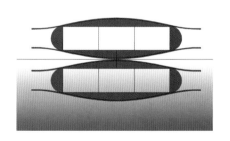

材制作浮动房屋的底托的观点，因为木材一方面能满足较高的物理要求，另一方面也能照顾到漂浮物的稳定性和浮力。其结构如同一个热屋顶，由木框、隔汽层、61 cm多孔聚苯乙烯保温隔热材料组成；其密封性达到了被动式房屋的标准，使用的材料是耐用橡胶，而液体喷射的无缝塑料防护层可以弥合各种材料及其接口和活动接口。因此，这个浮体完全可以作为一个客厅使用，当然也可以成为优质房间的密封地下室。

在研究和试运行期即将结束时，"自给自足之家"会成为一个技术上运作良好、可旋转的漂浮式被动房屋；它成本合理，可以被运往并建造在任何地方。建筑紧凑的结构也便于陆路运输，其尺寸完全符合传统公路的运输要求。

设计了南蒂罗尔被动式房屋的建筑师迈克尔·翠柏斯，在此次执掌"自给自足之家"的设计，使用了最先进的建筑形式和技术规范。

施工现场原是一个专门被挖掘开的游泳池，就在白湖岸边，而且还有海水涌入。建筑最初的灵感来自威尼斯的贡多拉（威尼斯特色小舟）与其在映在水中的倒影，它的外形看似像要跃起一样，起伏的弧形屋顶和檐槽边缘一下就能吸引你的视线。借助水千差万别的运动方式：游泳、漂浮、摇摆、忙乱且繁华，使一切都变得灵动起来。

设计呈现两极性，如前与后、南与北、开与关、水上与水下。为了突出这种两极效果，就要强调可见物之间的对比。不过生活空间的恬适悠然很好地遮掩了漂浮地下室的厚重感。

生态理念：

由于缺乏建设用地，浮动房屋成为颇受很多国家欢迎的一个替代品，因为它既保证了建筑的永久性，也没有降低其舒适度。自"诺亚"以来，施工技术和材料都发生了改变，使那些远见卓识的思想家们描绘的自给自足的漂浮住宅能够成为现实。

和诺亚方舟一样，船只在很早以前就成为了人类的浮动房屋，它漂浮在水面上，四处移动。它不仅可以保证任何天气条件下的安全性和舒适性，还可以从这一构造中收益。浮动的房子也是此种原理，能达到很大程度上的自给自足，拥有独立的能源系统提供电力。只要具有经济意义，仓储、供水和污水处理都可在同一地方进行。

Ecological idea:

In many countries, the lack of available land makes floating houses become a popular alternative to permanent housing without a reduction of comfort. The construction techniques and materials have changed since Noah, but also the realization of a self-sustaining, floating dwelling is working persistently in the mind of visionary thinkers.

And like Noah, ships had become since the early ages the floating and moving, human floating houses. They do not only guarantee safety and comfort against the weather conditions but also use them in their own benefit. And that is the way a floating house would work, a largely self-sufficient, energy-independent system where energy generation, storage, water supply and wastewater treatment will take place in the same building, if it makes economic sense.

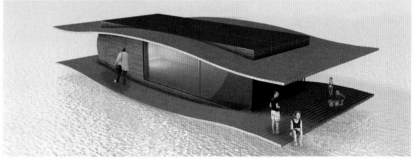

模型图 RENDER

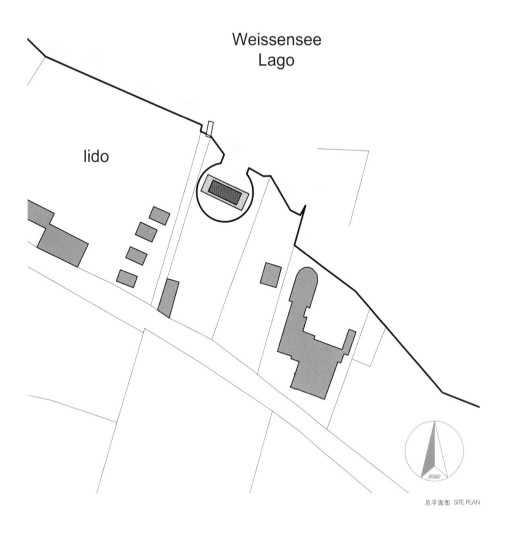

Weissensee
Lago

lido

NORD

总平面图 SITE PLAN

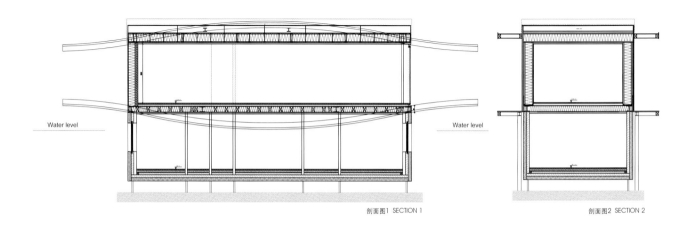

Water level

剖面图1 SECTION 1

Water level

剖面图2 SECTION 2

一条斜轴将矩形的楼层平面分割开，这条轴从通高窗户和封闭墙之间引出，它为建筑结构的开放式区域增加了额外的旋转动力，在实际操作中，通过扭曲机理来实现运转。发动机由一台小型电脑控制，通过发电机转动链子带动房屋转向，在一天当中可根据需要调整房屋与太阳的角度，一块钢板做成的斜坡架在池塘与弧形环肋区之间，使后者与河岸相连，停靠在港湾之中，成为河边露台。第二块则延伸到入口处的斜板，优雅地化解了表面曲率的水平差异问题。人行桥置于两个悬浮船上，保证了横向稳定性并且可以调整房屋浸入水的深度。

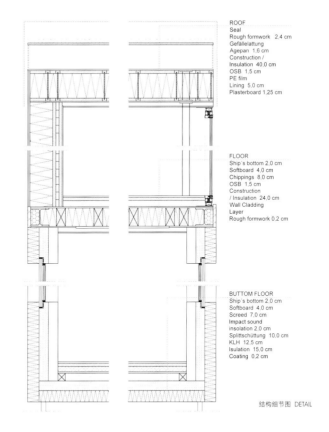

ROOF
Seal
Rough formwork 2.4 cm
Gefällelattung
Agepan 1,6 cm
Construction /
Insulation 40,0 cm
OSB 1,5 cm
PE film
Lining 5,0 cm
Plasterboard 1,25 cm

FLOOR
Ship´s bottom 2,0 cm
Softboard 4,0 cm
Chippings 8,0 cm
OSB 1,5 cm
Construction
/ Insulation 24,0 cm
Wall Cladding
Layer
Rough formwork 0,2 cm

BUTTUM FLOOR
Ship´s bottom 2,0 cm
Softboard 4,0 cm
Screed 7,0 cm
Impact sound
insolation 2,0 cm
Splittschüttung 10,0 cm
KLH 12,5 cm
Isulation 15,0 cm
Coating 0,2 cm

结构细节图 DETAIL

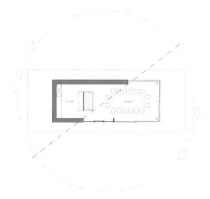

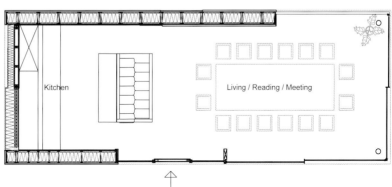

Kitchen

Living / Reading / Meeting

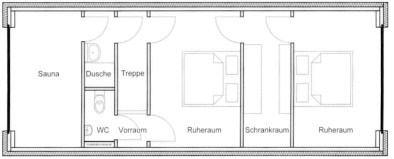

Sauna Dusche Treppe Ruheraum Schrankraum Ruheraum

WC Vorraum

Installationskanal

楼层平面图 FLOOR PLANS

MASO PERNSTICH 玛索·佩尔恩斯蒂希住宅

佩尔恩斯蒂希住宅坐落在南蒂罗尔景色壮丽的乡村地区，设计之初就有意实现住宅和农庄旅游的双重功能，二者拥有的共同点就是——宜居与好客。业主需要一座能够实现双重功能的建筑——即在一大片葡萄园中，建一座私人住宅兼小型旅馆。

项目位置在卡尔达罗地区，这里是"葡萄酒大道"沿线最重要的位置之一，拥有大批酒窖，著名的上阿迪杰红酒就在这里生产。作为红酒之乡，这里所产的红酒及红酒产业是重要的旅游资源，而且世界知名的多洛米蒂国家公园有一部分就在离此地仅几千米的范围之内。

这座综合建筑面向山谷和卡尔达罗湖，包括两座符合德国"被动式住宅"标准的联排建筑，它们所使用的建筑语汇也彼此相同。地下室容纳了约120 m²停放农用设备的房间，还有一间酒窖和设备间。住宅入口在东侧，通向乡村房间的入口在北侧。

建筑设计：迈克尔·翠柏斯建筑事务所（Michael Tribus Architecture）

项目地点：意大利，博尔扎诺

建筑面积：145 m²（公寓），330m²（私人车库）

建筑成本：1 300 000 €

竣工时间：2009年

照片版权：迈克尔·翠柏斯建筑事务所（施工照片），梅拉诺·汉内斯（Meraner Hannes）（建成照片）

楼上有200 m²。底层是L形的，是主要住宅之所在。起居室朝东，几乎整墙开窗，将周边葡萄园的景致一并收入视野中，形成气氛温暖、充满阳光的空间。在同一楼层的西侧，则是另一栋建筑的车库和面朝泳池的桑拿房。半遮蔽的游泳池长9 m、宽4 m、深1.5 m，也是室外空间的主要标志特征。游泳池和桑拿房都有木质的踏脚板，营造出充分放松的温馨氛围。楼上是三套自给自足的小公寓。每一套公寓都是38 m²，有与开放厨房相结合的起居室、卫生间和一间宿舍。入口在西侧，东侧则有一处朝向湖面的平台。

为了达到"被动式住宅"所要求的明确标准，建筑缺乏理想的表面与体积比是最大的挑战。为了解决这一问题，一方面外墙以陶瓷砖建造，并在外部覆盖30 cm厚的抹灰挤塑聚苯保温板作为隔热材料，这种材料在屋顶处的厚度高达50 cm，上覆绿色屋顶，配合雨水回收系统来收集和储存雨水，并在卫生间再次利用这些水资源。另一方面，结构柱、楼板和防火隔墙都由混凝土建成。

生态理念：

玛索·佩尔恩斯蒂希项目包含了"超级省油"的能源概念，能够同时符合"气候住宅"金级标准和"被动式住宅"的标准。

概念建立在极端独立立面设计、对现有热桥的阻断和机械控制通风使用的基础上，从而将对供暖所需的能源总量减少到10 kWh/(m²·a)。同时，降低对能源的需求能让建筑师为每个项目挑选最为节能的供暖系统。

Ecological idea:

The Maso Pernstich Project embraces the 1 Liter energy concept which could be certificated both as Klimahaus Gold and Passivhaus.

This concept is based on the idea on design ultra-isolated façades, limit the presence of thermal bridges and the use of mechanical controlled ventilation in order to reduce energy needed for heating under the 10 kWh/(m² .year). This reduced energy requirement allows the projectist to choose which the most efficient heating systems for each project.

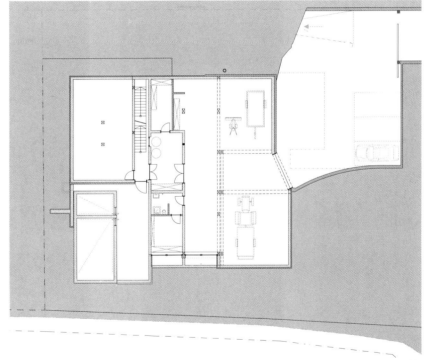

楼层平面图 GROUND FLOOR

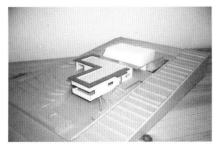
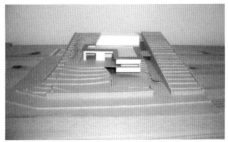
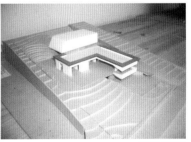

模型图 MODELS

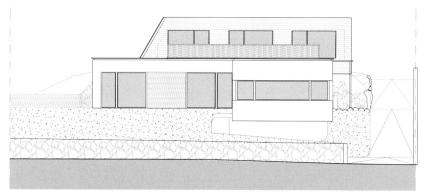

东立面图 EAST ELEVATION

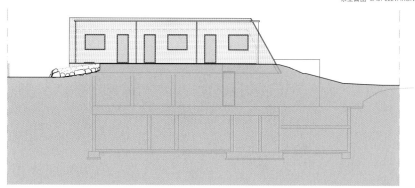

西立面图 WEST ELEVATION

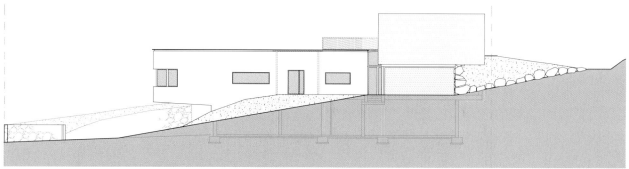

北立面图 NORTH ELEVATION

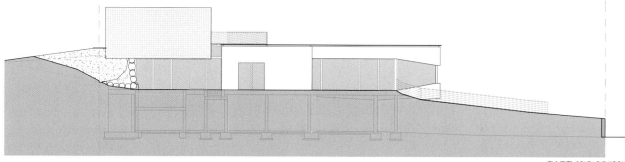

南立面图 SOUTH ELEVATION

供暖和制冷都通过安装在日常活动空间和浴室的地板或楼板下方的辐射板来实现。要减少能源需求，需要使用一套地热系统。此外，能够回收热量的机械通风装置减少了与外界进行气流交换过程中的能耗损失。热水由安装在南侧的太阳能系统提供，楼上一层的立面倾斜度正好适合安装太阳能板。尽管开窗面积很大，却通过使用有木框架的高效能玻璃窗减少了能源损耗，窗户采用3层玻璃，并有可活动的百叶窗。

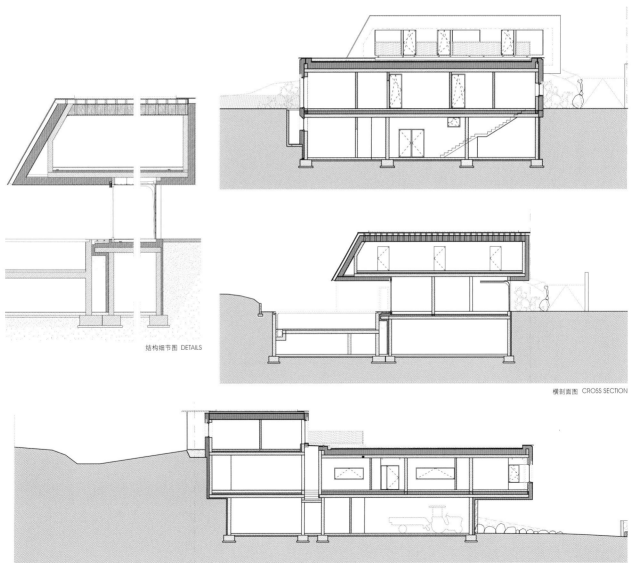

结构细节图 DETAILS

横剖面图 CROSS SECTION

纵剖面图 SECTION

玛索·佩尔恩斯蒂希住宅的设计还考虑过安装一台地热发电厂，设计师沿着地下室的外围，将500 m长的管道连接到热交换器和热泵上。这些系统既能用于供暖，也可用于制冷。供暖通过安装在日常活动空间和浴室的地板或楼板下方的辐射板来实现，而制冷则仅需楼板下方的辐射板即可。

从另一方面来说，在夏季，控制和限制进入室内的太阳能总量，从而避免建筑过热是非常重要的。中央建筑管理系统是一个与窗户的开关、供暖与制冷系统相连接的计算机，通过从分布在建筑各处的各种热传感器接收数据，它会自动打开或关闭窗扇，或控制供暖和制冷系统，以达到建筑居住的最佳舒适度。

在机械通风方面，共有两套回路——一套用于主要住宅，另一套用于3个公寓。每一套回路都有自己的热回收系统，并且根据供暖和制冷系统的概念，在地下还安装了另一套管道，用于在空气到达热回收系统之前进行预热或预冷处理，从而能在冬季提供额外的能源。热回收系统通过将进入的新风和废气混合在一起，以减少通风过程中的能源损耗。

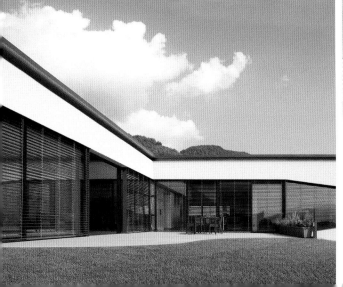

当代艺术博物馆
CONTEMPORARY ART MUSEUM

在罗利市再次复兴的历史油库区，一只看似无望的蝴蝶从她存在了几十年的旧址中破茧而出。这座建于1910年、历史悠久的双层砖结构建筑最初属于艾伦锻焊公司，在1927年前后由布罗格登产品公司扩建，后长期为Cal-Tone涂料公司使用，现在已经摆脱其石棉覆层覆盖的旧模样，化身为罗利市当代艺术博物馆的所在。

罗利市是北卡罗来纳州的首府，其铁路运输和船运行业鼎盛时期的建筑仅有几座保存了下来，且全部分布在油库区。当代艺术博物馆通过对这座重要建筑的再利用，将罗利市重要的一部分历史保留下来，以展现他们在可持续发展方面的决心和发挥他们在历史保护中的领军作用。

建筑新增的入口处有84 m²，这部分和现有建筑结构保存方面具有同等重要意义。美轮美奂的门厅由玻璃幕墙围合而成，位于漂亮的折叠顶板下方，屋顶折板则向外继续延伸，覆盖了入口处的雕塑花园，形成了十分具有亲和力的正门前廊。门厅位于现存建筑的东侧，以现代的形式演绎了古老的卸货码头，将人流、物品和艺术一直引入主展厅空间的核心部分。这一非对称的轴线有意与旧历史建筑的对称性相互并置，形成互补。两座建筑交叠相融，新旧合一。它在引起人们惊叹的同时，仍为来访的客人展现了其原有的传统价值。

建筑设计： Brooks + Scarpa 建筑事务所（原Pugh + Scarpa）

建筑师： 劳伦斯·斯卡帕（Lawrence Scarpa），史蒂夫·舒斯特（Steve Schuster），马克·柏克兰（Mark Buckland）和乔恩·泽尔韦格（Jon Zellweger）

项目地点： 美国，北卡罗莱纳州，罗利

总面积： 2 007 m²

竣工时间： 2011年

建筑成本： 5 800 000 $

照片版权： 约翰·爱德华·林登（John Edward Linden）、尼克·皮罗尼奥（Nick Pironio）和劳伦斯·斯卡帕（Lawrence Scarpa）

所获奖项： 2001年美国建筑师联合会北卡罗莱纳州优秀设计奖
2011年美国建筑师联合会北卡罗莱纳州历史保护奖
2011年罗利市，北卡罗莱纳州历史保护奖

"这座建筑本身就是一件艺术品，"软件工程师、摄影师和作家约翰·莫里斯（John Morris）评论道，"它将罗利市过去红砖建筑的历史载入史册。它是一座老建筑，却拥有了新的使用功能、新的室内空间，还有一个别出心裁的屋顶雨棚，非常添彩。"

当代艺术博物馆的开发总监罗斯玛丽·威奇（Rosemary Wyche）指出，许多建筑物原有的构造——作为产品仓库时的卡车卸货平台以及铁路岔道接口——在很大程度上都完好无损地保留了下来。人们能从通往博物馆卞要楼层的开敞式楼梯上见到的卸货电梯的原始装备。主展厅的空间效果令人赞叹，有高挑的天花板和外露的原有金属桁架，以及一排如舷窗般的细部结构（这些舷窗属于新的通风加热和空调控制系统），阳光透过原有的弦月窗倾泻下来，光线能够一直照射到地面以下——新建的展厅中。

地下展厅的方形现浇砌体柱有造型独特的漏斗式柱头和收边柱帽，空间风格优雅、自成一体，与楼上的主展厅互为补充。地下空间还容纳了管理办公、储藏室、筹备区和提供餐饮的厨房。办公区域由半高的墙面隔开，使地下室具备了一定的开放性。这一层还包括另一处展示区，也就是"媒体实验室"或称"黑匣房间"，用于数码艺术或其他技术的展示。

生态理念：

在建筑的被动式设计、室内空气质量控制、对现存建筑结构的再利用和可持续材料的选择上，都展示出了该项目的可持续设计理念。每一处空间的设计都最大限度地利用自然采光，减少对人工照明的依赖。建筑两侧分别暴露在东西两个朝向的阳光下，由金属遮阳板和较深的悬挑结构予以保护。这处空间的屋顶天花板十分高挑，楼梯间顶部有可开启的天窗使空气对流。所有的材料都是纯天然的，丰富的色彩则是选材的核心，如天然色素的涂料、回收利用的氧化冷轧钢、裸露的清水混凝土饰面等。涂料中挥发性有机化合物的含量很低或几乎没有，而且空调机组的季节能效比很高。另外，建筑垃圾中的75%得到了回收。

Ecological idea:

The main sustainable ideas are embodied in the project's passive design, indoor air quality, reuse of an existing structure and sustainable material selections. Each space is oriented to maximize natural light and rely less on artificial lighting. The sides of the building which have an east and west exposure are protected by metal screens and large overhangs. The space has very tall ceilings and operable skylights at the tops of stairs to induce air flow. Materials are all natural and color is throughout the core of the material such as naturally pigmented stucco, recycled oxidized cold rolled steel, exposed concrete finishes. Paints are low or no VOC and HVAC units are very high SEER. 75% of construction waste was recycled.

北立面草图 NORTH ELEVATION SKETCH

设计灵感来源及组合模式图 COMBINED PATTERN SOURCE OF INSPIRATION

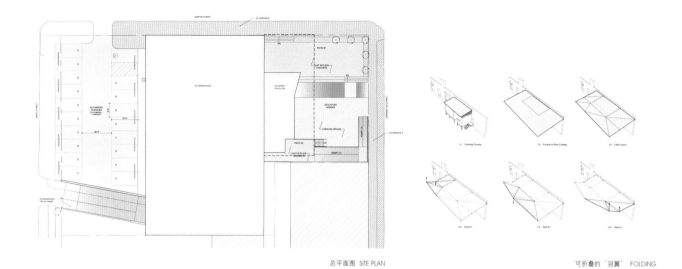

总平面图 SITE PLAN

可折叠的 "羽翼" FOLDING

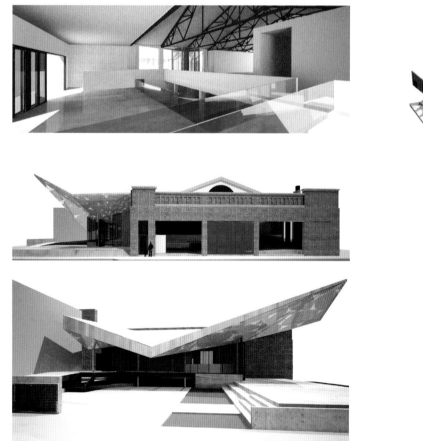

西立面图: 雕塑公园 SCULPTURE GARDEN (WEST ELEVATION)

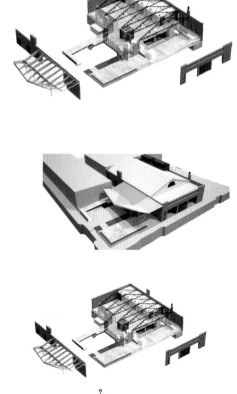

设计图解 SCHEMATIC DESIGN SUBMITTAL

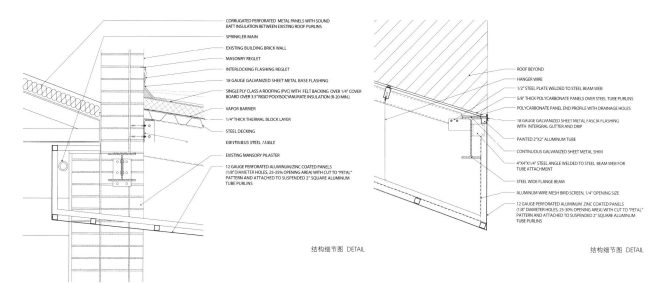

CORRUGATED PERFORATED METAL PANELS WITH SOUND BATT INSULATION BETWEEN EXISTING ROOF PURLINS
SPRINKLER MAIN
EXISTING BUILDING BRICK WALL
MASONRY REGLET
INTERLOCKING FLASHING REGLET
18 GAUGE GALVANIZED SHEET METAL BASE FLASHING
SINGLE PLY CLASS A ROOFING (PVC) WITH FELT BACKING OVER 1/4" COVER BOARD OVER 3.5" RIGID POLYISOCYANURATE INSULATION (R-20 MIN.)
VAPOR BARRIER
1/4" THICK THERMAL BLOCK LAYER
STEEL DECKING
CONTINUOUS STEEL ANGLE
EXISTING MANSORY PILASTER
12 GAUGE PERFORATED ALUMINUM/ZINC COATED PANELS (1/8" DIAMETER HOLES, 25-35% OPENING AREA) WITH CUT TO "PETAL" PATTERN AND ATTACHED TO SUSPENDED 2" SQUARE ALUMINUM TUBE PURLINS

ROOF BEYOND
1/2" STEEL PLATE WELDED TO STEEL BEAM WEB
5/8" THICK POLYCARBONATE PANELS OVER STEEL TUBE PURLINS
POLYCARBONATE PANEL END PROFILE WITH DRAINAGE HOLES
18 GAUGE GALVANIZED SHEET METAL FASCIA FLASHING WITH INTERGRAL GUTTER AND DRIP
PAINTED 2"X2" ALUMINUM TUBE
CONTINUOUS GALVANIZED SHEET METAL SHIM
4"X4"X1/4" STEEL ANGLE WELDED TO STEEL BEAM WEB FOR TUBE ATTACHMENT
STEEL WIDE FLANGE BEAM
ALUMINUM WIRE MESH BIRD SCREEN, 1/4" OPENING SIZE
12 GAUGE PERFORATED ALUMINUM ZINC COATED PANELS (1/8" DIAMETER HOLES, 25-30% OPENING AREA) WITH CUT TO "PETAL" PATTERN AND ATTACHED TO SUSPENDED 2" SQUARE ALUMINUM TUBE PURLINS

结构细节图 DETAIL

结构细节图 DETAIL

"我们共有3个展厅"，威奇介绍道，"主展厅最大，能为各种活动提供场地，可容纳499人。第二个展厅是'临街展厅'，名称恰如其分，因为它的位置靠近西马丁大街。它与主展厅相邻，但两者之间刻意用混凝土地面上的凹槽进行分割，从而形成一个很深的空槽，可以在主展厅里表现地下层的空间。横跨空槽的玻璃金属桥能够通往'临街展厅'，由此形成向下观看到第三个展厅的视线。这让习惯上与楼上几层完全分隔的地下室部分能在视觉上融入楼上的展厅空间。"

建筑的每一个主要特征都具有多重意义且涵义丰富，它们在功能、形式和空间体验方面都实现了多重目的。这种新老结合、尊重历史，同时带来全新感受且令人兴奋的做法，让这座建筑物成为与当地历史不可分割的一部分。这座建筑从布罗格登产品公司的产业开始，由包裹着石棉材料的砖石结构变成罗利市历史油库区中最为精彩的艺术空间，是一个令人瞩目的转变。当代艺术博物馆正如一只蝴蝶，终于在漫长的等待之后，展开了她的羽翼。

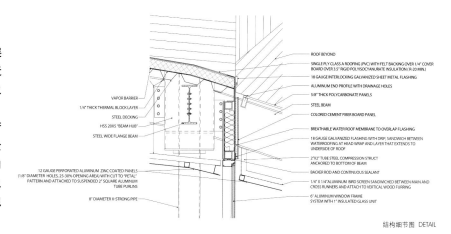

VAPOR BARRIER
1/4" THICK THERMAL BLOCK LAYER
STEEL DECKING
HSS 20X5 "BEAM HUB"
STEEL WIDE FLANGE BEAM

ROOF BEYOND
SINGLE PLY CLASS A ROOFING (PVC) WITH FELT BACKING OVER 1/4" COVER BOARD OVER 3.5" RIGID POLYISOCYANURATE INSULATION (R-20 MIN.)
18 GAUGE INTERLOCKING GALVANIZED SHEET METAL FLASHING
ALUMINUM END PROFILE WITH DRAINAGE HOLES
5/8" THICK POLYCARBONATE PANELS
STEEL BEAM
COLORED CEMENT FIBER BOARD PANEL
BREATHABLE WATER ROOF MEMBRANE TO OVERLAP FLASHING
18 GAUGE GALVANIZED FLASHING WITH DRIP, SANDWICH BETWEEN WATERROOFING AT HEAD WRAP AND LAYER THAT EXTENDS TO UNDERSIDE OF ROOF
2"X2" TUBE STEEL COMPRESSION STRUCT ANCHORED TO BOTTOM OF BEAM
BACKER ROD AND CONTINUOUS SEALANT
1/4" X 1/4" ALUMINUM BIRD SCREEN SANDWICHED BETWEEN MAIN AND CROSS RUNNERS AND ATTACH TO VERTICAL WOOD FURRING
6" ALUMINUM WINDOW FRAME SYSTEM WITH 1" INSULATED GLASS UNIT

12 GAUGE PERFORATED ALUMINUM ZINC COATED PANELS (1/8" DIAMETER HOLES, 25-30% OPENING AREA) WITH CUT TO "PETAL" PATTERN AND ATTACHED TO SUSPENDED 2" SQUARE ALUMINUM TUBE PURLINS
8" DIAMETER X-STRONG PIPE

结构细节图 DETAIL

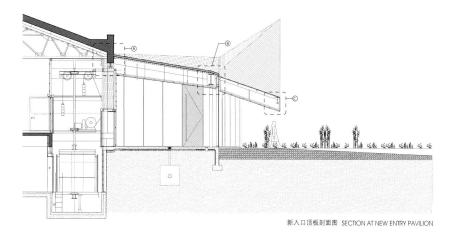

新入口顶板剖面图 SECTION AT NEW ENTRY PAVILION

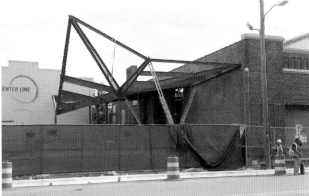
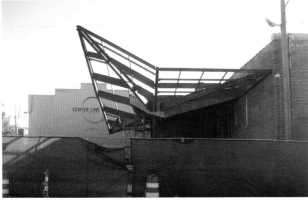

太阳能集热板

科罗拉多州公寓
COLORADO COURT

科罗拉多州公寓位于圣莫尼卡高速公路的一个主要下匝道的角落，极易被看到的位置使它成为该城市的门户。这栋包含44套公寓的5层大楼是美国第一个100%能源独立的经济适用住房项目。这个项目是城市环境中可持续发展的一个很好的示范，提供了一个私人和公共伙伴关系造福社会的典范，通过政策性开发的经济适用住房，促进了城市环境的多样性。

科罗拉多州公寓是美国该类型建筑首批100%能源独立的建筑物之一。科罗拉多州公寓区别于大多数传统开发项目的地方，在于它采用超标准做法的节能措施优化建筑性能，确保降低建设及使用过程中所有阶段的能耗。科罗拉多州公寓的规划和设计，来自于审慎考虑和采用被动式太阳能设计策略。

这些策略包括：控制建筑位置与朝向以控制太阳能制冷负荷；控制建筑外形与朝向以利用主导风；控制建筑外形以诱导浮力实现自然通风；设计窗户以最大限度地采光及提高自然通风；朝南窗口采取遮阳措施，同时使西向玻璃最小化；塑造和规划建筑室内以加强日光和自然空气流动的分布。

建筑设计： Brooks + Scarpa建筑事务所（原Pugh + Scarpa）

建筑师： 劳伦斯·斯卡帕（Lawrence Scarpa），安吉拉·布鲁克斯（Angela Brooks），格温·普格（Gwynne Pugh），安妮·玛丽·伯克（Anne Marie Burke），希瑟·邓肯（Heather Duncan），凡妮莎·哈代（Vanessa Hardy），贝蒂娜·荷姆森（Bettina Hermsen），蒂姆·彼得森（Tim Peterson），青鲁克（Ching Luk），杰克逊·巴特勒（Jackson Butler），史蒂夫·柯德玛（Steve Kodama）

项目地点： 美国，加利福尼亚州，圣莫尼卡

建筑面积： 2 714 m²

建筑成本： 5 200 000 $

竣工时间： 2002年

所获奖项： 2003年全美建筑师协会设计奖、AIACC奖、美国建筑师协会洛杉矶奖

2003年美国建筑师协会COTE "十大绿色建筑奖"

2003美国建筑师协会全美住房奖，SCANPH "年度最佳项目"

2002西部城市奖，美国绿色建筑委员会LEED认证 "金奖" 项目

2003年鲁迪·布鲁纳奖

2003年世界人居奖入围

作为一个可持续能源供应与利用的典型示范建筑，科罗拉多州公寓有几方面较为突出的技术。这些技术包括，提供建筑所需基本电力能源及热水的天然气动力涡轮机，即热回收系统，以及整合建筑外墙和屋顶，提供最高峰负荷电力的太阳能发电面板系统。热电联产系统将天然气转换为电力，以满足基本用电负荷的需求，并回收余热为建筑提供一年四季的热水，同时也满足了建筑在冬季的采暖需求。与基地所在电网传输的初级能源低于30%的转换效率相比，该系统天然气的转换效率在85%以上。建筑基地内的太阳能光伏发电系统可产生绿色电力，而不会向环境释放污染物。光伏发电板被整合到建筑围护结构中，白天未使用的太阳能发电量将被传递到电网上，夜间则从电网上获取需要的电力。10年内这些系统就能够收回自身的成本，其每年大约可节省超过6 000美元的电力和天然气。

建筑选址

建筑选址的目标在于最大限度地调动被动式太阳能与可持续设计的潜力。所有现有的、成熟的棕榈树都被保存下来。唯一一棵不得不挪动的树也被移栽到附近的公共公园里。所有景观都是本地的、耐旱的，并仅依靠滴灌及季节性进行自我调整。

整个城市街区的所有雨水，均通过一套地下室系统收集起来，并使其自然渗透到含水层中去。各单元都设有节水厕所和淋浴控制系统。

材料与资源

整个科罗拉多州公寓均优先选用可再生材料及当地直接采购的材料，同时也是根据材料对室内空气质量的影响进行选择的。所有的地毯都是由100%可再生材料制成的，各单元均使用天然油毡，柜子是由无甲醛中密度板制成的，整个建筑使用低有机物挥发和无挥发的涂料、密封剂和粘合剂，并使用自然粉刷涂料。

建筑保温材料由经过妥善处理的再生新闻纸制成。定向刨花板（OSB）被用来代替胶合板。复合结构材料如TJI和微LAMS等被用来代替木方。混凝土具有较高的粉煤灰含量。项目建有对纸张、塑料和金属制品进行分类、收集及回收的设施。

生态理念：

建筑选址基于对气候敏感的被动式太阳能设计。该大楼有3个侧翼用来获取主导风向的海风，促进穿透每个单元的自然通风。经过有规律的安排，超过90%的玻璃是在北部和南部外墙。南立面由一系列抽象的百叶和太阳能电池板遮蔽组成。

建筑通过基地内的太阳能板和天然气启动的微型风车的组合产生电能。这两种基地内自产电能的系统能够100%满足建筑的电能需求，而且还有国家电网作调节建筑电能需求和产量之间的缓冲系统。微型风车运行过程中产生的余热被回收用来加热生活用水，以及通过一个水循环暖气来进行空间加热。

住宅单元通过窗户的布置促进对流风保持室内的凉爽。Low-e窗户的双层玻璃用氪气填充、用不锈钢垫片作间隔；吹塑再生纤维素保温墙比传统五层高建筑墙体的热性能提高75%以上，并减少了通过建筑围护结构的冷风渗透。建筑的设备都是高效节能的。经过特别挑选的冰箱，每个单元每天只消耗1度电。电灯开关通过运动感应装置来避免室内和室外能源的浪费，且建筑全部采用紧凑型荧光灯。

Ecological idea:

The building is sited for climate-responsive, passive solar design. The building has three arms that reach out to the prevailing breezes, inducing cross ventilation through every unit. It is organized so that over 90% of the glazing is on the north and south façades. The south façade is shaded by a series of abstract fins and solar panels.

The building produces on-site electricity through a combination of solar panels and a natural-gas fired micro turbine. These two on-site electricity-generating systems have the capacity to meet 100% of the building's electricity consumption. The utility grid serves as a buffer to smooth out any mismatch between building demand and site generation supply. Waste heat from the operation of the micro turbine is employed to generate hot water for domestic use and for space heating via a hydronic radiator heating system.

The units are kept cool with a combination of window placement for cross ventilation; double-glazed, krypton-filled, low-e windows with stainless steel spacers; and blown-in recycled cellulose insulation that boosts the thermal value of the wall to 75% above a conventional, type-five wall and reduces envelope infiltration. Building appliances are highly efficient. The specially selected refrigerators consume only 1 kWh per day per unit. Light switches employ motion sensors to avoid wasting energy indoors and outdoors and compact fluorescent lights are used throughout the building.

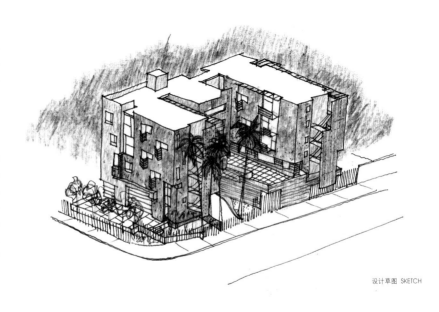

设计草图 SKETCH

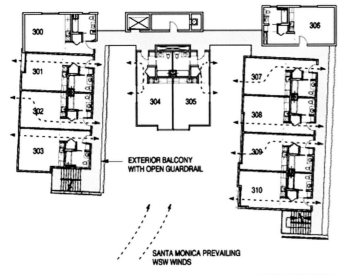

EXTERIOR BALCONY
WITH OPEN GUARDRAIL

SANTA MONICA PREVAILING
WSW WINDS

风向频率图 WIND DIAGRAM

由于建筑需电量非常低，从而节省了数千米的电线。设置通风井，而不是采用传统的穿墙式排风，节省了数千米长的管道，并减少了对屋顶的穿透。

通常，此类项目类型容易产生大量使用和滥用材料的现象。但这个项目中均采用模式化的表面天然材料，这样当材料遇到过度使用的情况时，磨损少，因此更耐久且保持良好视觉效果的时间也更长。几乎所有的指定材料都可被认为是低维护或免维护材料。

建筑材料

大多数材料超过了圣莫尼卡市的可持续建筑标准，并符合美国绿色建筑委员会的标准。

混凝土砌块：首层结构墙。

建筑墙体保温系统：墙体以及R23石膏，外附膨胀再生保温材料。

屋顶/保温系统：高密度发泡保温和高性能SBS改性沥青防水卷材屋面。国内最先进的太阳能光伏集成墙板系统。玻璃：高性能中空双层玻璃（"Low-e"）。

外观表面处理：混凝土砌块（CMU）面砖，再生轻钢，镀锌钢板。

有用的信息资源和软件

使用了DOE-2软件的一个简化版本进行能耗建模；

美国绿色建筑委员会的LEED评级系统，为科罗拉多州法院的设计与施工提供了信息及指导；

使用Form Z来进行日照和遮阳分析。

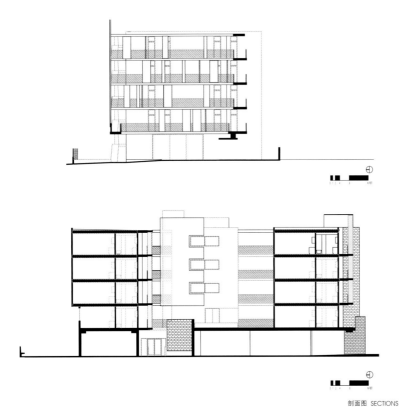

剖面图 SECTIONS

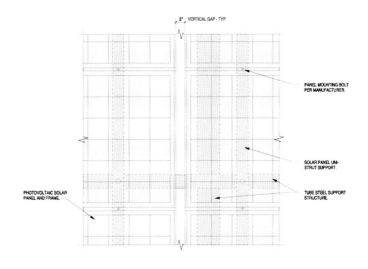

2" VERTICAL GAP - TYP

PANEL MOUNTING BOLT PER MANUFACTURER.

SOLAR PANEL UNI-STRUT SUPPORT.

TUBE STEEL SUPPORT STRUCTURE.

PHOTOVOLTAIC SOLAR PANEL AND FRAME.

太阳能板交叠正面图 SOLAR PANEL INTERSECTION ELEVATION

SLOPE 2%

SEE
FOR ADD'L
INFORMATION

屋顶剖面细节图 SECTION OF ROOF DETAIL

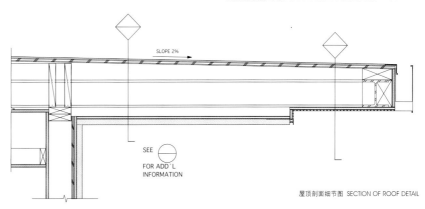

GYPSUM BOARD
EIFS (EXTERIOR INSULATION SYSTEM)
EXTERIOR GYPSUM BOARD
PLYWOOD
4"X8" WOOD POST PER STRUCTURAL.
2"X8" WOOD STUD

1/2" DIA. BOLT.

1" THICK
NEOPRENE SPACER.

SOLAR PANEL WITH FRAME
BY PANEL MANUFACTURER.
(2'-6"X5'-0")

1/4" PLATE STEEL

2"X2" UNI-STRUT SUPPORT
(WELD TO CONTINUOUS HORIZONTAL)

太阳能板设计细节图 SOLAR PANEL PLAN DETAIL

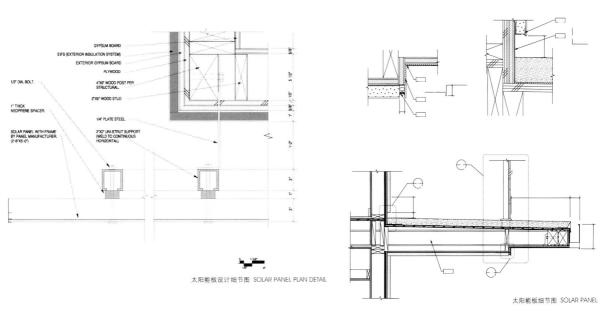

太阳能板细节图 SOLAR PANEL

3M ITALIA S.P.A. HEADQUARTERS

3M公司新建的总部办公大楼占地面积11 300 m², 位于米兰近郊的皮奥尔泰洛区。此项目是在2005年MCA完成该地总体规划后建造的第一栋建筑。整个建筑为线形, 宽21 m, 长105 m, 呈阶梯状, 最高处有5层, 最低处为2层。

建筑形状和朝向符合环境控制的最理想状态。北面、东面和西面的外立面被特别设计成玻璃幕墙, 并配备了遮阴系统。建筑南面的阶梯形状形成了一个梯田, 为在此工作的人们提供户外荫凉。梯田还可以作为环境缓冲空间, 在极端气候易发的冬夏两季, 为建筑提供保护。

设计者结合当地情况对建筑进行了环境分析, 从而决定在屋顶和外墙的设计上采用一种灵活的方案。设计中融入光伏, 使它在生成能源的同时, 给建筑增添了一种银光闪闪的科技美感。

建筑从几何构图、空间设计到结构线条, 均体现出了设计的原则, 包含了如生态发展的可持续性和创新性, 注重材质和技术的使用。此外, 设计者在建筑结构和自然环境的结合上也格外用心, 也正是这份良苦用心使得此建筑脱颖而出。即便项目还在施工之中, 就已经在国内和国际上获得了许多奖项和认可, 例如2009年的美国建筑类奖。在它建成之后, 更是赢得了2011年MIPIM绿色建筑大奖。

建筑设计: 马里奥·库奇内拉建筑师事务所 (Mario Cucinella Architects)

建筑师: 马里奥·库奇内拉 (Mario Cucinella), 戴维·赫希 (David Hirsch), 卢卡·贝尔塔基 (Luca Bertacchi), 米歇尔·奥利维耶里 (Michele Olivieri), 朱莉莎·阿含 (Julissa Guttara), 琳达·拉瑞斯 (Linda Larice), 卢卡·斯特拉米焦利 (Luca Stramigioli)

项目地点: 意大利, 米兰, 皮奥尔泰洛

竣工时间: 2010年

总建筑面积: 11 300 m²

建筑预算: 15 000 000 €

照片版权: 丹尼尔·多梅尼卡利 (Daniele Domenicali)

所获奖项: 2011年 MIPIM绿色建筑大奖

新建造的3M意大利总部为建筑领域提供了新的视角，它代表新一代的设计作品，其特点是质量获得提升，且符合生态可持续发展的标准；目标是实现建筑与当地环境的和谐一致；手段是通过绿地、人行道、水域、绿树成荫的道路以及露台这些元素，将工作空间和外部构件整合在一起，使建筑空间呈现出宽阔、形状各异和色彩丰富的效果。它凝聚了建筑师的未来愿景，主要包含以下几个方向：提高能源使用效率，使用生态兼容材料和可再生原料，以及提升居住舒适度。

2008年10月，该项目进行了奠基石安放仪式，之后的工作开展迅速：仅仅花了16个月的时间，这座新建筑就可以投入使用了。建筑内部有两个天井，连同装有特殊隔绝玻璃的透明立面，加强了自然光的射入，提高了室内亮度。

在选址方面，最终选定的施建位置与之前塞格拉特办事处相距300 m，做此决定也是为了尽量减少后勤方面的麻烦。建筑所在区域很有特色，含有宽阔的绿地以及一个公园。公园中设有自行车道，还有露天活动场所，这些内容都写在了皮奥尔泰洛镇政府对其土地重新鉴定的指导方针中。周边地区的灌溉沟渠使用了此建筑地热发电的开路系统，这样一来既满足了地下水流动，保证食用水交换，又照顾到了贝索扎公园动植物的发展。该建筑得到了伦巴第地区的A级节能认证，并且已作为减少能耗的优秀范例加入了"京都俱乐部"。

为了确保环境保护效果更佳，设计人员在建筑外部设计了一个壳，通过其阴影系统实现对太阳能光线的有效控制；这个系统在允许光线进入室内的同时能避免紫外线照射，在夏季可以缓解高热，有助于冷却室温。建筑上部安装的太阳能光伏板每年可为整个建筑提供10万kWh的能量，不过供暖和制冷并没有使用这些能量，而是通过地热系统来实现。建筑配备了大量的设备，这些设备使其可持续性进一步得到提升，如高效率热回收系统、高导热性玻璃以及带有固定薄片的外部屏蔽系统，那些薄片看起来就像是生物气候机。

室内空间就如同一件制作精良的仪器。事实上，有赖于那些研究以及对方案、材料、颜色、灯光和家具的正确选择，物理环境还是相当温馨和舒适的。而为客户提供热情服务的工作区也都已给予特别关注，如礼堂3M商店、会议室、陈列室、客户技术中心以及国际部等。设计实验室和可以无线上网的咖啡间，分别设在一层和二层。

通过对可用和使用空间的合理排布，将建筑室内区域的使用率最大化，并且使它成为了欢迎和促进绘画作品这一艺术遗产的理想场所，此外，这里展览的图片属于3M基金会的历史档案馆所有。

生态理念：

设计师创建了600个简单又舒适工作站，它们离自然光总共不超过4 m，这种解决方案非常注重细节，不论是从舒适的角度还是从审美的角度来说都十分具有创新性。
装置的控制和电脑操控灯的使用，则使得这里的能源消费效率更为出色。另外，建筑中的高性能吸音材料和地毯，也大大降低了噪声的污染。
在对室内标记、灯光和色彩方面都特别下了番功夫，设计者希望创造一个温馨且有利于使用者进行互动的环境。

Ecological idea:

The 600 workstations, all not more than 4 m far from natural light, have been created as simple and comfortable solutions paying attention to details, not only from the comfort point of view, but also from aesthetic one, always in line with innovation.
The control of installations and of computerized lights guarantees greater consumption efficiency. The noise is considerably reduced through the use of high performance sound absorbing materials and carpeting.
Particular care was dedicated to interior signs, lights and colors to create a welcoming environment favouring the interaction.

设计概念草图 CONCEPT SKETCH

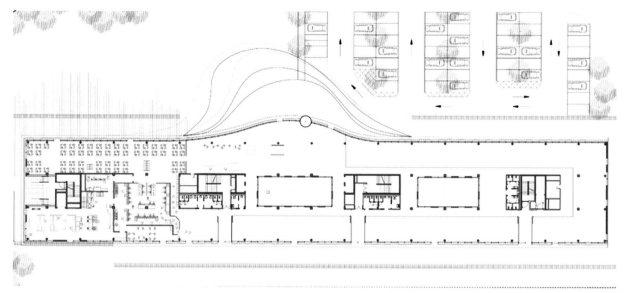

楼层平面图 FLOOR PLAN

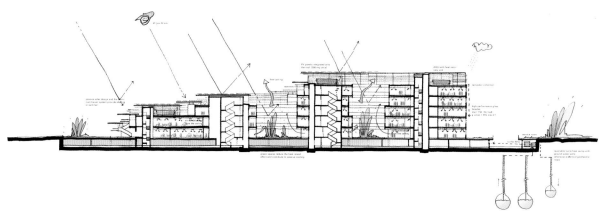

夏季能源战略 SUMMER ENERGY STRATEGY

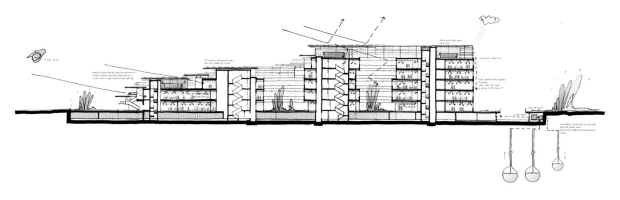

冬季能源战略 WINTER ENERGY STRATEGY

总平面图 SITE PLAN

就结构而言，它由一个配备了智能逻辑的模块化体系开发而来，装置和自然光源使其具有更大的灵活性和适应性，能够应对未来的需求。

就模块而言，它是建筑内部和外部的测量单位，其至关重要的一点就是易于变形，并且在短期内就有可能进行改变和开发，从而实现不同的组合方式。

奥尔胡斯市低能耗办公楼

LOW-ENERGY OFFICE BUILDING, MUNICIPALITY OF AARHUS

这栋办公楼位于奥尔胡斯港的一个开发区内，其设计者旨在为这座城市增加一个新地标——一个特点鲜明的节能建筑，并希望到2030年，这栋建筑可以实现碳中和。

它是奥尔胡斯自治区技术管理部门的扩建项目。对客户而言，在建筑技术不断进步的今天，他们希望这栋楼可以成为办公楼的典范。该建筑的能耗量只有"被动式房屋"的水平，但却能够保证室内气候舒适宜人。尤其在借鉴了德国被动式房屋的标准及对相关构件提升后，其能耗等级只有1。

大楼高6层，其中一层是阁楼，用来放置技术装置。建筑的一个立面是天然板岩材质，这一灵感来自传统石板屋顶上的覆盖物，虽然那些石材已经被安装，但是并没有打孔，从而保证了石材的完整性，使其可以回收利用。此外，整个建筑通体使用环保节能材料和真空隔热的窗板之类导热性极低的构件。

建筑设计：C. F. 穆勒建筑师事务所（C. F. Møller Architects）

项目地点：丹麦，奥尔胡斯

建筑面积：1 500 m²

竣工时间：2010年

照片版权：麦斯·穆勒（Mads Moller），朱利安·维尔（Julian Weyer）

朝南的立面面积广阔，能使室内获得充足的阳光。同时为了遮阳，对窗户进行了凹进处理，还配备了遮阳板。遮阳板上有太阳能电池覆层，可以为办公室提供电力，而且板中还含有自动防晒物质。

该建筑在节能方面的设计是一个整体解决方案，这一点通过立面就可以看出来。一面高200 m的由太阳能嵌板铺成的墙体和一面170 m²的太阳能墙，形成了立面上独一无二的雕纹构件。倾斜的太阳能嵌板为整栋大楼提供电力，同时也为后面的玻璃阳台遮阳。170 m²的太阳能墙在建筑的拐角处有一个贯穿大厦所有楼层的垂直构件。太阳能墙收集到的能源在冬季用于加热办公室的流通空气，在夏季则用于降温。隔热和制冷对应着太阳能增益的负荷峰值，这意味着该系统工作非常称职——在人们最需要它的时候，它做的也是最出色的。

建筑的总体热量消耗最大为15 kWh/(m²·a)，总能耗最多为50kWh/(m²·a)。其密闭性更是达到了丹麦建筑法规要求的两倍之多。

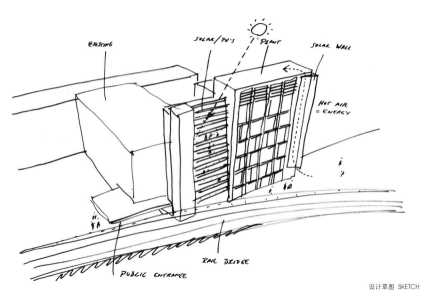

设计草图 SKETCH

生态理念：

简易太阳能墙可以提供能源——供暖只是用途之一；
使用智能熔覆技术，使建筑构件能够循环再造；
光伏电池板具有多种功能——不仅仅是附加组件。

Ecological idea:

Simple solar walls can be used as energy sources – not just for heating;
Use of smart cladding methods can make building components recyclable;
Photovoltaic panels can become multi-functional more than add-ons.

设计灵感来源：石板瓦屋顶 SOURCE OF INSPIRATION: SLATE ROOFS

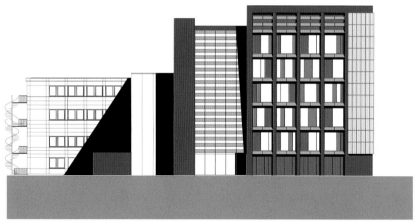

南立面图 SOUTH ELEVATION

一楼包含接待区和面向公众的平面图,艺术家李讷·科莱姆豪夫特(Line Kramhøft)用她的混凝土艺术为游客带来了额外的体验,这项被称之为"混凝土之诗"的艺术形式,以一种全新的方式来处理和使用水泥,使整个构件表面如镜面一样光滑,上面的图案如天鹅绒一样柔软,其效果令人惊叹。

西立面图 WEST ELEVATION

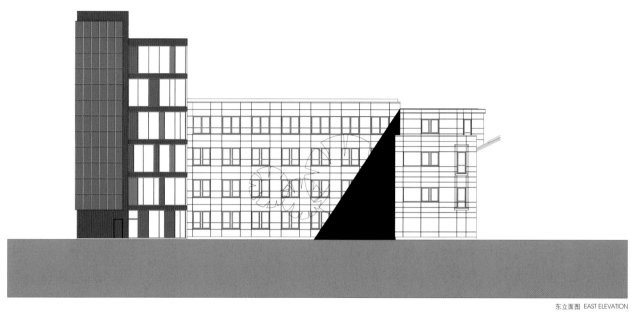

东立面图 EAST ELEVATION

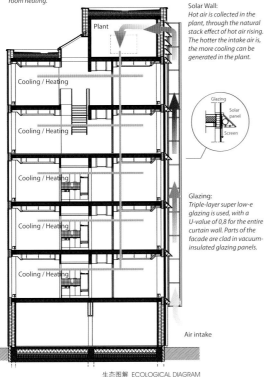

Adiabatic Cooling Plant:
Using the energy from the hot air generated in the solar wall, the plant provides cooling through vaporization processes. Alternatively, during winter, the energy can be used as back-up for room heating.

Plant

Cooling / Heating

Cooling / Heating

Cooling / Heating

Cooling / Heating

Cooling / Heating

Solar Wall:
Hot air is collected in the plant, through the natural stack effect of hot air rising. The hotter the intake air is, the more cooling can be generated in the plant.

Glazing
Solar panel
Screen

Solar Shading:
Shading the glass facades are photovoltaic panels, which also integrate vertical user-controlled sun-screens.

Glazing:
Triple-layer super low-e glazing is used, with a U-value of 0,8 for the entire curtain wall. Parts of the facade are clad in vacuum-insulated glazing panels.

Air intake

生态图解 ECOLOGICAL DIAGRAM

隔热冷却设备：

经由太阳能墙加热后的空气，其能量为设备所用，通过汽化器工艺进行冷却。另一方面，在冬季，这种能量可以作为加热房间的备用能源。

太阳能墙：

设备在热空气上升时通过自然冷却塔收集热空气。被吸入空气的温度越高，设备可以提供的冷空气就越多。

遮阳：

光电嵌板和垂直的用户控制遮阳板合在一起，为玻璃立面遮挡日光。

玻璃窗：

采用了3层超节能玻璃窗，整个幕墙的U值仅为0.8。立面上的有些部分覆盖着隔声保温的真空玻璃嵌板。

纵剖面图 LONGITUDINAL SECTION

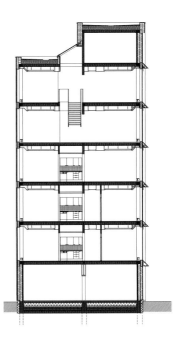

横剖面图 CROSS SECTION

生物气候学建筑
BIOCLIMATIC ARCHITECTURE

伊尔瑟德学院自助食堂
ILSEDE SCHOOL CAFETERIA

以此项目作为典型案例，主要研究社会对其根基、建筑对其民众所应承担的职责。同时也展现了使用适度预算、通过从传统中寻求创新和在建筑探究中循序渐进，最终达到提升社会价值观的目的。

每个社会的最高价值都蕴藏于青年之中，因为他们才是未来主要的发展潜力，因此，我们要重视年轻一代成长的环境。此项目具有非常深刻的社会洞悉力，涉及工薪家庭以及人们对高等教育合理期望的诉求。在德国，学校需要在日间提供更加广泛的服务。为适应这一点，学校现有设施正处于改造之中，包括给餐厅增加空间及其他功能。

德国节能建筑的标准着实是用心良苦。但不幸的是，这一标准导致了"建造意义上"的正确性，也导致了"建筑意义上"的贫乏性。建筑不能引起人们的兴趣，沦为了一个高度隔绝的容器，只是在表面有些孔洞，形成门窗而已。那些标准的条款服务于21世纪人们生态意识的需求，但缺乏对人类活动核心价值的整合，人类活动是要创造令人振奋的建筑空间和形式，它们会成为环境可持续发展这一整体的基本组成部分，而可持续发展的环境是包括"人"这一因素的。

建筑设计：德斯庞建筑师事务所（Despang Architekten）

建筑师：马丁 德斯庞，巩特尔 德斯庞（Günther and Martin Despang）

项目地点：德国，伊尔瑟德

总面积：1 900 m²

建筑成本：3 150 000 €

竣工时间：2008年

照片版权：奥拉夫 鲍曼（Olaf Baumann）

生态理念：

在德国，公众客户的项目总是在能源使用效率的最大化上有所要求，然而在操作层面上却又格外注重项目落实和执行所需的成本和时间，但是鱼与熊掌怎可兼得？

在伊尔瑟德学院自助食堂项目上的研究，最终形成了一份纲领性文档——它阐述了一所面向社会全日运营的学校"秘密"应用生态建筑原理的情况，他们并没有通过上报当局，进行什么仪式化或认证性的活动，而是通过"秘而不宣"的方式在生态方面做了尝试。

建筑的朝向是它能否从矿物能源中取得独立的至关重要的一步，排成一列的混凝土框架结构位于建筑一端，朝向太阳光线充裕的南面，上面的玻璃幕墙支撑由金属太阳能退进式阶梯充当，这样可以防止夏季过热。东立面与校园相连，是重要的交流接口，部分框架以外骨架的形式铺设板材，并按照几何学原理计算其投射在玻璃立面上的阴影面积，从而为建筑提供了最大的采光率。砖砌立面延续进建筑内部，结合水泥地板，可以保留从日光中收集的能源。在夏季，东西立面顶部的可操作部分利用盛行风将空间上部的热量发散出去。

Ecological idea:

Maximized energy efficiency is morally mandated for public clients in Germany, however, on the operating side, reservations exist regarding stressing the cost and time needed to implement and execute it.

In respect of and response to this, the case study of the Ilsede School Cafeteria as the programmatic component to convert an existing school to the societal need of all day operation has applied the principles of a bioclimatic building in an "undercover" integrative way of "sneaking / smuggling" in the ecologic aspect without burocratizing it through formalization and certification.

The orientation of a building is the most crucial move in terms of fossil energy independence. The structure is a sequence of concrete frames which at their end face the solar south with the glass façade supported by a metal solar grading being set back for summer overheating protection.

On the east façade as the important communicative connector to the school campus, the slabs post part of the frames in an exosceletal way geometrically calculated shade the all glass façade behind to provide maximum daylight efficiency.

The stacked brick façade continues on the inside to in combination with the concrete floors retain the solarly harvested energy.

Operable parts at the top of the west and east façades use the prevailing winds to naturally vent out heat which rises up in the space during the summer.

该项目特意采取了一种与众不同的方法，它着眼于可持续发展目标中最为普遍和最为复杂的目标——从非常泛泛的社会和城市规模开始，深入至非常具体的技术细节。

首要目标已经纳入纲领性方向中，即建造一座使用功能多样的建筑。这保证了建设的必要驱动力，同时也是建筑的长远需求和可持续发展的核心价值观之一。建筑预计用于餐饮、集会、教学和演出，而且不仅仅是其内部，外部社区也可以纳入到使用中。

这是一栋全新的建筑，也是一个很好的示例，它展示给我们如何结合现有建筑将其提升，并使其实现21世纪可持续发展的重要目标。作为发展超过一个世纪的学校综合体来说，可谓是总结的一步，这与20世纪末对原有建筑增建其他部分不同，后者的方式更加自我，而前者所处的阶段是通过对技术参照的创意解读，将错落有致的各部分有机地结合在一起。

这个项目鼓励年轻一代亲近自然，彼此交流。水泥板在此充当刺激社交的工作，效果有赖于人们的交流互动，不过它允许人们隐藏得天衣无缝或者将自己展示得毫无保留。板的宽度适合两个人坐，正好可以用来供青少年学生联络感情。

水泥几十年来一直被诬蔑为缺乏人文情怀，特别是在学校设计中，被认为会对青少年产生负面影响，而这个项目则为它平反，展示出了这种材质的美丽之处以及人文素养。

建筑设计概念趋向温和，采取分区设计，一部分用于招待客人，另一部分则是事务人员的工作区。待客区除了地上一层，还向地下挖掘，以保证与西面邻近的住宅协调一致；多功能厅的地势较高，更为重要的是它与一个较小的校园庭院相连。

生态品质和能源保护

在建造时，德国的学校不得不面对一项特殊的挑战，即对可持续发展环境的社会责任和对高额成本的恐惧，这两者通常令人左右为难。就这个项目而言，客户和建筑师决定面对挑战，实现高度的可持续发展和生态性能，但并没有利用15%～20%的额外预算以实现德国的"被动式房屋技术"。

初步规划草图 PRELIMINARY PROGRAMMING SKETCH　　　　设计灵感来源：百叶窗 SOURCE OF INSPIRATION

总平面图 SITE PLAN

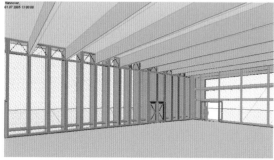

太阳光线：7月1日，13:00 SONNE: JULY 1, 1 PM

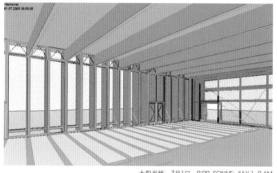

太阳光线：7月1日，9:00 SONNE: JULY 1, 9 AM

设计过程从一开始就定计定策，建筑的朝向使它可以拥抱太阳和光明，太阳是自然资源的主要来源。南立面是太阳能收集器，不过上面的金属百叶窗用其阴影遮挡了太过强烈的日光。西立面大部分时间都是闭合的，以防止在夏季气温过高。北立面也是一样，不过上面的天窗可以透光。东立面竖向排列的水泥板，最大限度地保证了光亮度，同时还可以在夏季提供荫凉，解决气温过热的问题。

其屋顶的结构中，每根水泥横梁与间隔的垂直水泥板相连，它们和定制的水泥瓦一起成为蓄热质，每天日间储热，夜晚散热。通过横梁间的操作窗，引导西风通过温热的横梁，从而起到降温的作用。

这个看似简单，实则在生态功能运行上却并不简单的性能有一个至关重要的细节，就是从热能角度将连接在一起的外部水泥板断开，包括带氯丁橡胶的横梁以及嵌入不锈钢铸件中的真空隔热板。

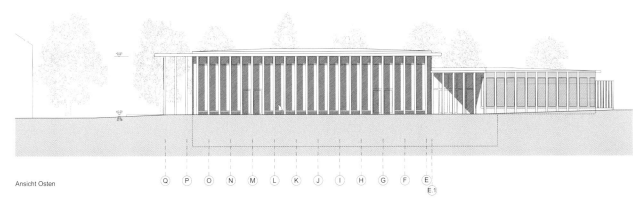

Ansicht Osten

Q P O N M L K J I H G F E
E.1

东立面图 EAST ELEVATION

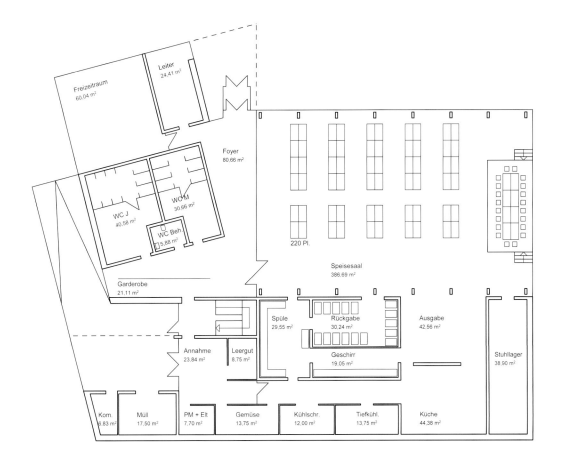

地下室平面图 BASEMENT FLOOR PLAN

建筑所用的材料均是纯天然、未经加工处理过的。主要材料是水泥和玻璃，两种材质的耐久性使得建筑本身可以持久使用，从而达到可持续发展的目的。同时为了营造室内温暖的感觉，特意增加了黄色砖块和木材作为天然材料。

西侧内墙就如同一位侍从——功能多样，这里的入口连接起厨房和食堂，具有传递食物的功能，同时也汇集了强制通风系统的出口和木制盖板，形成了木丝吊顶吸音部件，打造出整体舒适的氛围。

建筑拥有大面积屋顶绿化，为屋顶提供了额外的保温隔热保障，同时也起到反射热量、减少雨水滴落的作用。

经济效益和协调性

该项目体现了可持续发展中一个重要的因素，就是建筑部件预制和高效率的现场组装。预制使用的能源最少、最有效地利用了劳动力和机械，还有助于施工过程的环保性。对水泥的使用也是最为普通的方式，用标准设备生产出最常见的灰色水泥铸件，柱和梁都是批量生产的板材，这样既保证了经济效率，同时也令当地形形色色的承包商都可参与竞价。

设计中最具创造性的当属水泥部件的多功能用途：它们既是结构，又是制冷装置；既含有蓄热质，又可以调节声音和亮度。通过这种方式，将建筑自身构件减到最小，这不能不说是水泥板一板多用的良好收效。

结构方面，采用这种结构可以让阳光最大限度地照入食堂，在真正施工时对此处处理得非常细致，并将玻璃幕的边框隐藏在水泥板后面，这样一来，就能大大节省电费。建筑结构中的实体块，技术含量低、持久性强，因此也不需要过多维护。

若以该项目作为在经济方面取得成功的典型，那么它的成功是基于将复杂的事情简单化，这与普通的社会公众项目是截然相反的，因为后者总是把简单的事情复杂化。

经客户证实，这栋建筑是在不超出预算建设成本的情况下所能建造出的最好的一座。由于客户在同一时间进行多处同类型建筑施工，因此此结论非常可信。该建筑在可比性成本索引中平均成本较低，如果考虑到其在能源和维护方面更低的运营成本，那么在整个建筑的使用年限中，其成本将远远低于其他建筑。

城市建筑案例研究就如卡累尔神庙一样继承了其类型学方面的原则并完善了相关概念，若建筑的先祖们至今仍健在，他们可能早就会如此，让整个建筑与大自然平衡统一。

FAM桑坦德大厦
FAM SANTANDER BUILDING

该项目位置靠近地铁站法马戈斯塔站和罗莫洛站。项目任务是设计和建造一座12 000 m²的办公建筑，它将成为米兰第一座经意大利"建筑节能认证"认定为A级的办公建筑。

屋顶上安装了2 500 m²的光电板，能产生足够的再生能源，充分满足建筑物制冷的需要。建筑位于郊区，其设计旨在为桑坦德地区带来新的个性。它离开地面13 m高，下方有若干广场、人行道和绿地。建筑空间紧凑，其平面覆盖了地段大部分面积，并通过一系列庭院实现了多样化的功能，最大限度地利用了自然光线和自然通风。整座建筑由3个独立的部分组成，按照任务书的要求，各自体现不同的功能。建筑立面的构件精心选用高科技的玻璃幕墙，对幕墙的处理也随着朝向不同而变化。

尽管整个项目位于城市边缘地区，它却有意为该地区的形象进行一些"修正"，其中包括由经过抬升的建筑物（距地面13 m高）所形成的室内广场和"绿植"步行道。建筑结构总体沿水平方向伸展，而非垂直向上。这样不仅能有机会充分利用自然能源（屋顶安装光伏电池），还能够容纳下一座对所有人开放的庭院，它可以用做广场或举办各种活动的"小天地"。经抬升的建筑体量像一块厚板，具有不同功能的3个部分实际上覆盖了整块场地。

建筑设计: 马里奥·库奇内拉建筑设计事务所（Mario Cucinella Architects）

建筑师: 马里奥·库奇内拉（Mario Cucinella），朱莉莎·古塔拉（Julissa Gutarra），亚历山德罗·加佐尼（Alessandro Gazzoni），阿尔多·贾凯托（Aldo Giachetto），多拉·琼科（Dora Giunco）

项目地点: 意大利，米兰

竣工时间: 2011年

占地面积: 12 000 m²

建筑成本: 28 108 000 €

照片版权: 达尼埃莱·多梅尼卡利（Daniele Domenicali plastico）模型拍摄，卢卡·贝尔纳基（Luca Bertacchi）现场拍摄

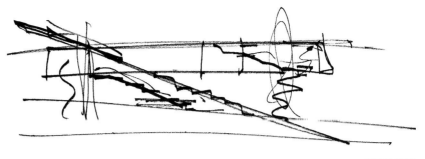

设计草图 SKETCH

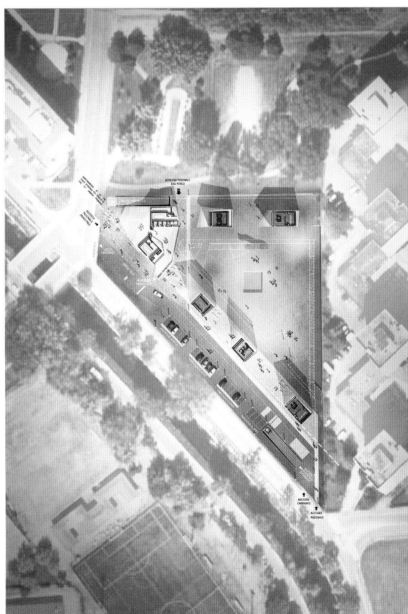

生态理念：

该项目具有高度热工性能的玻璃幕墙体系。室外区域和
庭院中的绿色植被也同样有助于实现被动式的制冷效
果。地下水的使用表明了希望通过高效用水、可再生和
可循环用水及热泵，实现冬、夏季节的温度控制。除此
之外，冬季供暖的总用电需求和部分夏季空调用电需求
都能够由2 205 m²的屋顶多晶硅电池组提供。

Ecological idea:

A glazed envelope with high thermal performance ratings.
The greenery of the outdoor areas and courtyard also
contribute to passive cooling.
The presence of groundwater indicated the desirability of a
high-efficiency water / reversible-cycle water heat pump for
winter and summer climate control. Furthermore, the total
electricity requirements for winter heating and, in part,
requirements for summer climate control are covered by the
2,205 m² of rooftop polycrystalline silicon cells.

总平面图 SITE PLAN

227

0 CO2 emissions for air conditioning
class A certified

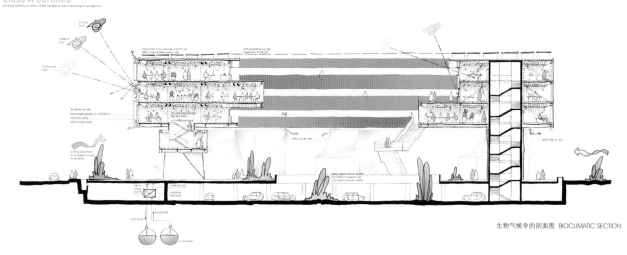

生物气候学的剖面图　BIOCLIMATIC SECTION

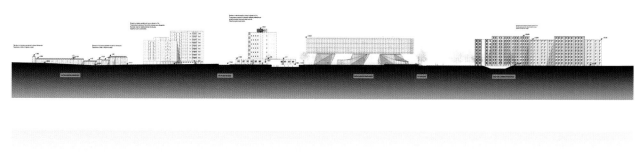

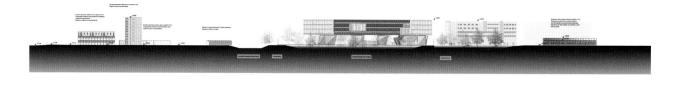

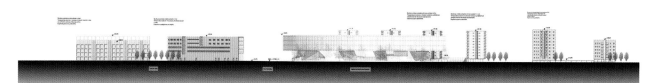

周边环境展望图　AMBIENT PROSPECTS

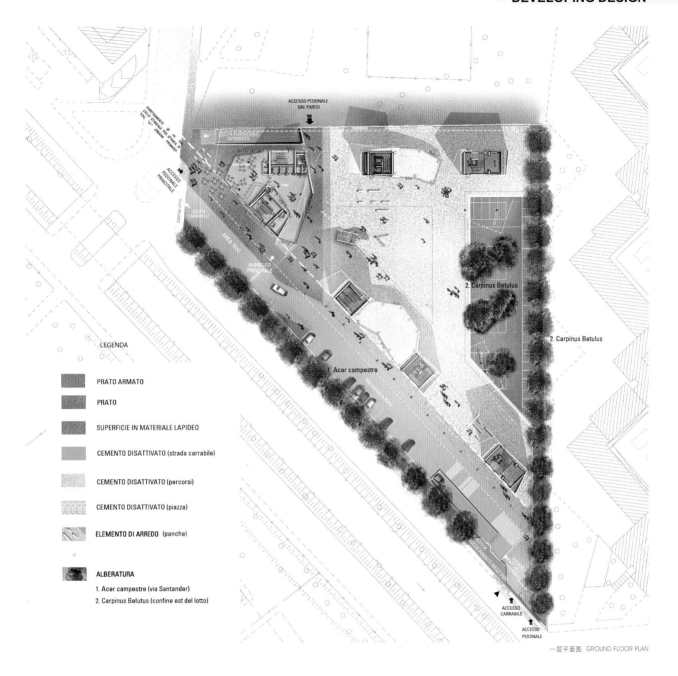

一层平面图 GROUND FLOOR PLAN

LEGENDA

PRATO ARMATO

PRATO

SUPERFICIE IN MATERIALE LAPIDEO

CEMENTO DISATTIVATO (strada carrabile)

CEMENTO DISATTIVATO (percorsi)

CEMENTO DISATTIVATO (piazza)

ELEMENTO DI ARREDO (panche)

ALBERATURA

1. Acer campestre (via Santander)
2. Carpinus Belutus (confine est del lotto)

建筑形式由两块狭长而逐渐收缩的体块构成，其中包含了客户要求的功能。庭院位于这两个体块之间，通过其中生成的一些树状遮蔽结构，提高了整个办公空间的品质。在选材方面，建筑物被构想为一个由前面板覆盖的大型体块，这些面板安装在建筑内部，其中可移动的部分在夏季能够遮挡阳光直射。

能源与环境

设计的首要考虑因素是如何在不同环境造成负面影响的情况下确保建筑的最佳舒适度。
因此，我们对在当前建筑形式和植被条件下的各个朝向进行了深入的研究，从而对日
照量和遮阳之间的相互影响进行评估。最初，我们认为应在南面和西面安装由室外网格
（各种跨度的不锈钢）构成的遮阳体系。随着分析的深入展开，加上若干现场模型的辅
助，最终选择了具有高度热工性能的玻璃幕墙体系（在两层玻璃窗扇之间安装可水平移
动的面板，能在不妨碍视窗景观的情况下提供充分的遮阳）。

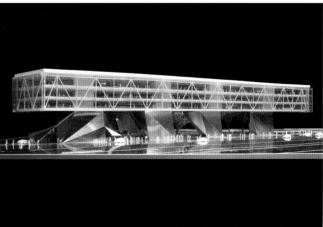

233

附加能源的绿色工厂和办公楼

RATI, PLUS ENERGY GREEN FACTORY AND OFFICE BUILDING

灵感来源

生态目标和现实技术需求要在建筑规划时考虑全面：所谓气候设计(或称能源设计)，其施工和规划方法为建筑师和工程师奠定了整体规划流程的基石（建筑学、土木工程和测量学、机械工程、公用工程、电气工程和物理学）。建筑学、建筑技术和建筑物理在建筑中需要综合体现，而节能设计作为建筑解决方案之一，其技术性更少，也做得更好。

在住宅和写字楼中，具有开拓性的可持续解决方案相继出现，剩下的问题是，设计师能不能建造一个绿色工厂，使它成为可持续发展的一个里程碑？

设计师如何设计并建造一个附加能源工厂呢？答案就是使用系统性结构式开发规划流程，这一流程的目的就是创建附加能源的性能。

规划过程包括建筑气候建模和能源建模，能源建模涵盖能源的供应、需求及消耗，这也就是称为"路线图"的内容。

建筑设计：Kistelegdi 2008.Kft.

建筑师：Dr. István Kistelegdi DLA (jun.)

合作建筑师：Prof. Dr. István Kistelegdi (sen.)

项目地点：匈牙利，斯康达

总面积：3 000 m²

总净面积：2 500 m²

竣工时间：2012年

所获奖项：2011年，豪西蒙可持续建筑奖——匈牙利豪西蒙奖

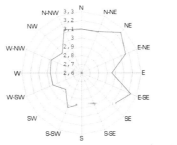

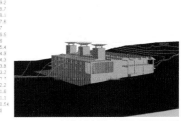

佩奇市得风向和平均风速 M / S WIND DIRECTION AND AVERAGE WIND SPEED M/S IN PÉCS/SIKONDA

速率等高线 M / S VELOCITY CONTOUR M/S

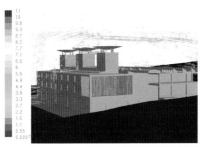

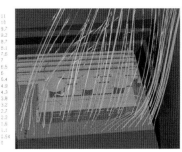

质量速率 M / S VELOCITY VECTORS M/S

速率轨线 M / S VELOCITY PATHLINES M/S

生态理念：

根据EPBD 2020 / 31的规定，欧盟成员国到2021年，要保证所有新建筑均接近或为零能耗建筑。考虑到这项指令，此研究项目的主要目标——附加能源生产工厂的设计——就不仅仅含有道德或能源消耗的因素了。项目将附加能量平衡作为最初的意向，其主要要求是基于具体规划分配和进行系统性结构化设计过程的开发。这种在气候和能源方面优化建设的范式建模应该被理解为一张"路线图"，图中系统地描述了能源设计师在设计过程中的决策点路线。

Ecological idea:

The EPBD 2020/31 prescribes for EU member states to ensure that by 2021 all new buildings are nearly zero energy buildings. In consideration of this directive, the main goal of this research project - the design of plus energy production facility - is not only caused by moral or energetical background. By defining the plus energy balance as a priori intention, the major request focuses the development of a systematically structured design process, based on a concrete planning assignment. This exemplary modelling of the optimized building in regard to climate and energy shall be perceived as a "roadmap", that describes systematically the way of the Energy designer in this evolutionary design process as stations of decision-points.

选址——建筑概念真实反映当地情况

厂址靠近匈牙利的南部城市佩奇。该地区的地热条件经过地热响应测验，可谓得天独厚。厂房后面的北坡可以避免建筑的热负荷过多，使其在夏季受益良多。在规划蓝图中制定的第一步，就已经明确表述了目标，即要实现多余能量平衡和可持续发展的长期性。该建筑由不同的气候带组成，横向和纵向的空间组织可以最大限度地提高能源使用效率。

评估完该地区的空气先决条件后，设计师们在互动规划过程中，从数目众多的设计中选出最好的一个，这个方案与当地的微气候和地理条件相呼应，同时效果也是最佳的。

这一点基本上体现在3个不同的气候策略上：首先，在冬季是"冰屋"防御；其次，在夏季是非洲的"獾"式自然通风冷却塔；第三，在过渡时期采用不含任何机械化的"马达加斯加策略"，即被动式开窗通风。

由于建筑体结构紧凑，A/V比率非常低，因此在冬季建筑表面的热损失趋于最小值；而在夏季，外壳表面（外层）的热负荷也将尽量减到最低。建筑物内部的技术特点和空间彼此关联主要依据"短程"原则。这一点保证了其他功能在现在以及未来都能保持长期且深远的灵活性。

紧凑的建筑体量也产生了一些缺点，即自然通风不畅和自然采光不足。不过3个通风塔可以解决这些问题，存在问题的区域可以通过半透明和透明的通风塔以及头顶的采光结构（中庭）得到自然光的照明。

环境和功能

年轻的商界精英家庭充满活力和创新精神，他们不仅设法更新现有工厂，而且还打算建立一个创新中心，作为一个积极的可持续发展中心来运作。该项目正处于建设之中，它就位于匈牙利南部的一个采矿小镇附近，正如那个惊叹号标志所示，这间工厂还可以实现深度可持续发展。塑料加工与生产装置和办公楼组成了匈牙利首次试点的工厂，它的第一阶段将作为低耗能建筑，而到了第二阶段，它可以提升为附加能源建筑。物流中心、商店大厅和生产车间的运营由办公区进行管理、领导和控制。中庭由多功能餐厅、活动大厅以及公共区（厕所和清洁室）组成，这也体现了创新的重点。

环保能源的使用——地缘、太阳能和风力发电建筑的气候与能源理念是充分利用当地条件和环境资源的优势。房屋像章鱼的触角一样插入地下，25 m×100 m 深的地热钻孔，利用近地表地热发电为取暖和被动式混合制冷提供能源。建筑的人工肺由气－土换热器和集热器组成，长约 1 000 m，位于地下 3 m，分别在冬夏两季预热和预冷空气。

匈牙利的全球太阳能照射条件是另一个极具吸引力的可再生能源，它能为约 40 名生产工人以及 20 名白领在一年之中提供热水，还能为这栋建筑近 700 m² 的多晶太阳能模块发电机提供电力。建筑南侧的水平和垂直外围结构——存储大厅墙壁和屋顶的太阳能系统，每年产生的能量都多于需求。3 个 17.5 m 高的塔楼是厂房的主要区域，它们也分散了生产车间的自然通风。塔楼中上升热气流自然通风的动力来自烟囱塔的高度，以及空气的温度差。热浮力在有风的情况下，通过特殊的"文氏管"盘形塔顶结构得到增强，这种结构在塔的顶部区域使气流速度加快，将能量用尽的空气有效吸出并排到室外。

节能措施

在冬季，数千立方米的土壤将被冷却下来，而这个巨大的土体在夏季就像充电电池一样，努力吸收热量，盈余能源则被补充到叉车中或进入公共电网。建筑的热活性强化水

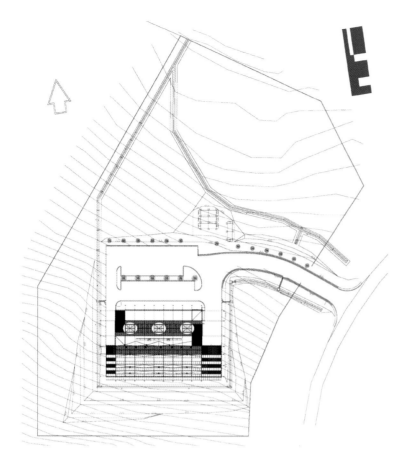

总平面图 SITE PLAN

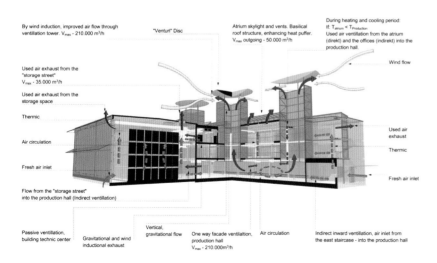

被动模式下的自然通风 NATURAL VENTILATION PASSIVE MODE

泥板结构在白天加热自身的同时还要给自己降温。在夜间，它们通过自然通风和被动式地热回火电源（钻孔）冷却下来。水泥活性热质的表面散射温度很低，它们由3台土暖或水暖泵带动，在冬季为建筑提供了一个健康舒适的室内环境。

建设气候与能源的动态模拟

建筑详细的概念性可持续方案设计完成后，需要通过IDEA算法计算，并经验证来证实设计理念的正确性。由于固定计算方式不能保证在每种情况的结果都是准确且详细的，所以设计师做了建筑气候和能源的动态模拟。运行了多个模拟后，设计达到了空调费用的最佳水平。

设计师只考虑此时的建筑能耗：模拟显示最终的能源消费水平为82 000 kWh/a，而太阳能产品却可以从当地太阳总照射中获得88 000 kWh/a的能量，完全满足其能量耗费。光伏发电机容量约为100 kWp。100 kW地热井矩阵可以盈余将近6 000 kWh的能源。

再生利用

使用中央水箱统筹安排进行雨水处理。此外，中庭配备的围栏具备热能激活的性能，其材质为再生木材和轻质水泥；这一构件为室内的中庭空间供暖并进行温度调节。这一系统与热激活钢筋混凝土板类似，由地热泵提供能源，而建筑的供暖和制冷则通过可再生地热泵中心系统完成。

建筑的大脑

如果没有集成管理系统对建筑能耗进行控制和优化，那么我们以上的阐述将仅仅沦为纸上谈兵，建筑作为一个有机体也无法在运行中充分显示其能效。要实现这一目标需要技术系统、电气设备和所有构件的相互配合。为此，我们制定了BMS（楼宇管理系统）操作系统以控制建筑系统，并尽量减少其能源需求。最后的实时模拟自2011年10月就已经开始，场地为建筑施工现场，到2012年6月施工结束后，BMS将对动态模拟记录进行检验。

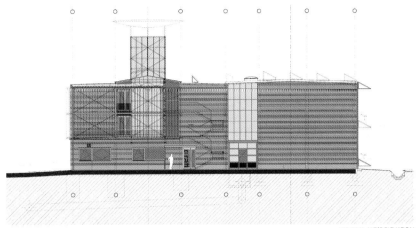

西立面图 WEST ELEVATION

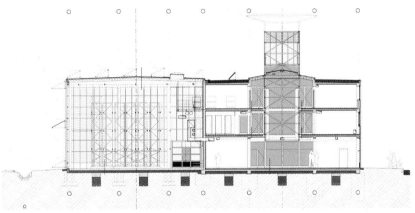

剖面图 SECTION

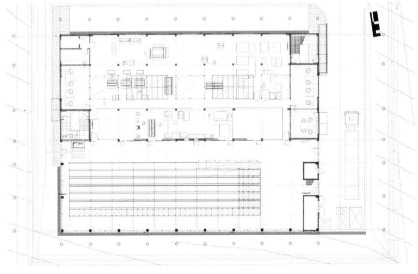

楼层平面图 GROUND FLOOR

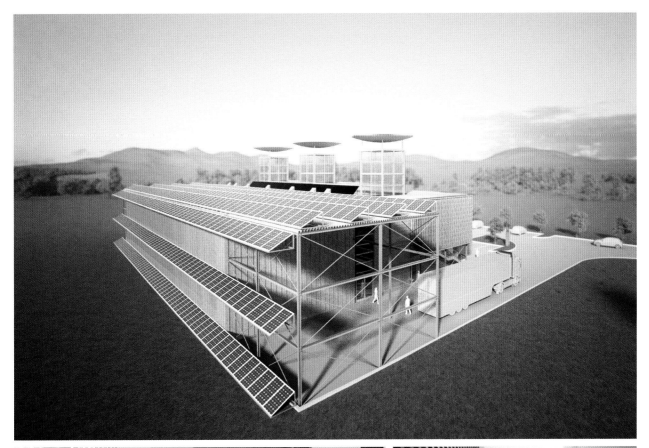

242

低能耗建筑
LOW-ENERGY HOUSE

比利时南极基地：伊丽莎白公主
BELGIAN ANTARCTIC BASE: PRINCESS ELISABETH

土木工程师兼探险家阿兰·休伯特（Alain Hubert）领导的国际极地基金会（IPF），于2004年受比利时联邦政府委托，设计建造并负责营运比利时在南极的一个新研究站点。它就是"伊丽莎白公主"，世界上第一个"零排放"极地站点，位于北纬72度、东经23度的花岗岩山脊上，在南极SOR龙达讷山Utsteinen Nunatak的北部。

影响站点最终形式的因素很多，其中的一些来自基金会设计团队的考量，小组由约翰·伯特（Johan Berte）和奈哈特·阿明（Nighat Amin）带领，在以下几个方面给出了建议。

环境状况
当地风速迅极，风向稳定，空气非常干燥，气温在零度以下，面临雪侵蚀和积雪危害，同时还受到潜在的砂石"风暴"的影响。因此建筑物要建在平均2 m以上的下伏山脊上，以防止落雪的逐渐累积。冯·卡门流体动力学研究所在建筑最终

建筑设计：萨米恩伙伴建筑事务所（Samyn and Partners）

项目地点：南极，SOR龙达讷山

建筑面积：490 m²

竣工时间：2008年

照片版权：IPF-勒内·罗伯特（René Robert）

形状的制定上一直保持密切参与，他们基于对原位风速的实际测勘，使用风洞模型，了解了建筑上的风力分布和强度。

可持续发展方式

设计综合了可再生能源、提高能源使用率、能量流优化、材料优化及总废物管理系统集成等方式。另外，3E制作的能源模型使该站点成为有史以来第一个温室气体零排放的极地站，而且通过可再生风能和太阳能发电就完全可保障工作站的运行。

功能规划

根据研究方案中阐述的功能，该站点可提供科学研究空间和生活空间。

经过对能源和空气动力学的初步研究，萨米恩伙伴建筑事务所和工程师被委以研究建筑概念的重任，由于项目实施的期限极短，所以不得不采用"边设计边建造"的方式。为此水杨酸（Prefalux）公司（属卢森堡）加入到了团队之中，在SECO（比利时建筑控制机构）的控制下，通过大家协助使项目进度加快。水杨酸公司已和萨米恩伙伴建筑事务所有过多次合作，并为后者建造出了种类各样的精制木结构建筑，他们在建造方面的质量可谓有口皆碑。

萨米恩伙伴建筑事务所开发了一个子结构，它所包含的四个钢栈桥全部由lemants公司建造，每个栈桥都可独自扩展和收缩，它们共同支持起上方大型的木制结构。栈桥固定在花岗岩基岩上，由于表面已经被风化所以并不平坦，全靠6 m深的拉杆支撑以应对风上举力之类的问题。锚固点打孔不仅是建设第一阶段中最重要的一部分，也是最难的一部分，这是因为岩石坚硬且存在高度差。

上层建筑的外壳是桁架正交网格，它将这部分的结构从地板到天花板都包裹了起来，其使用的材料为层压板装配布鲁默型连接器。外壳墙壁和屋顶部分的构成依次为（从内到外）：

生态理念：

建筑与其立足的下层山脊相距2 m左右，这个间距是为了防止积雪。

这里使用的可持续发展方法是：将可再生能源提升能效、优化能量流和材料以及总体废物管理系统全都整合到设计中。3E能源模型使它成为有史以来第一个温室气体零排放的极地站，并且按照设计，依靠可再生风能和太阳能完全可以保证工作站的正常运行。

Ecological idea:

The building has to stand at an average of 2 m above the underlying ridge to prevent snow build up. A sustainable development approach: integrate renewable energy sources, energy efficiency and optimization of energy flows, optimization of materials and total waste management systems into the design. Energy modeling by 3E helped make this station the first ever polar station designed to generate zero emission of greenhouse gases by running entirely on renewable wind and solar energies.

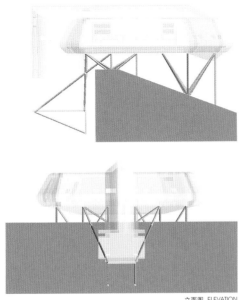

立面图 ELEVATION

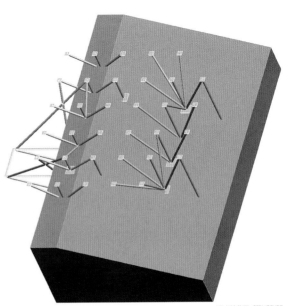

支点结构图 STRUCTURE

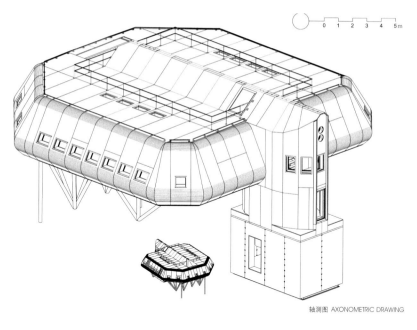

0 1 2 3 4 5m

轴测图 AXONOMETRIC DRAWING

·覆盖羊毛毛毡的墙壁；

·连续铝制厚隔气层增固牛皮纸；

·74 mm复合木板；

·400 mm轻质发泡聚苯乙烯块；

·42 mm复合木板（通过直径为6 cm的圆柱形榉木杆连接到下层板上，其大小和聚苯乙烯上的圆柱孔刚好吻合）；

·2 mm三元乙丙橡胶防水薄膜；

·最外层是螺栓固定的不锈钢板，厚1.5 mm，其接缝下的不锈钢带之间是4 mm闭孔聚乙烯泡沫垫。

地板（与上层外壳连接）的组成方式几乎相同（由内而外）：

·地板覆层；

·隔汽层；

·42 mm复合木板；

·400 mm聚苯乙烯；

·固定在结构地板横木上的74 mm复合木板；

·梁高差距；

·三元乙丙橡胶防水薄膜、闭孔泡沫和不锈钢覆层固定在42 mm厚的复合木板上。

此外，每两根柱子之间有一块钢板，钢板与连续的地板隔汽层相连。

设计理念和开发原型于2007年4月底获批，而2007年8月就已经在布鲁塞尔对整个建筑进行预组装和测试了。最终组装和建造已于2008年1、2月份在阿兰·休伯特（Alain Hubert）的指导下进行并完成。

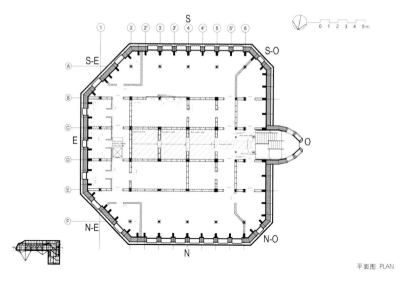

0 1 2 3 4 5m

平面图 PLAN

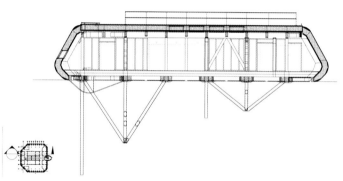

剖面图 SECTION

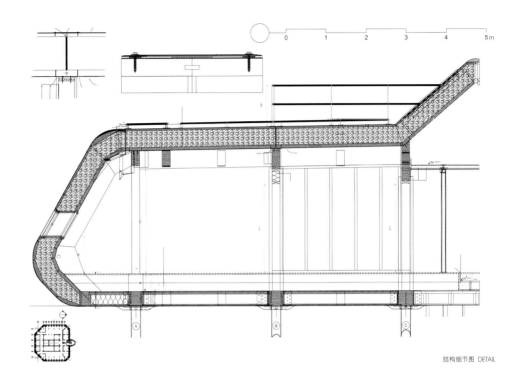

结构细节图 DETAIL

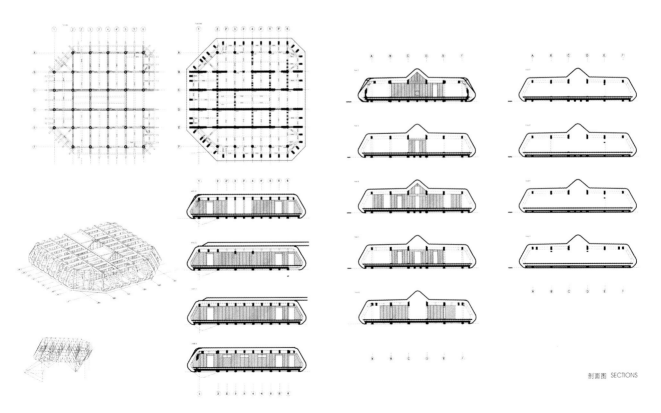

剖面图 SECTIONS

SALAD BAR 沙拉酒吧

2004年在悉尼皇家植物园举办了"未来环保花园（已建成项目）"展览，在这次展览中，沙拉酒吧的表现非常出众。展览生动地展示了如何将环境的可持续发展理念融入到我们的现代生活中。2005年，沙拉酒吧受到邀请，参加了当年在悉尼奥林匹克公园举行的"未来之屋"展览。这间酒吧采用模块化的垂直栽种结构，这一措施使公共花园占据的空间较小，但是在覆盖面积上却一点都不少。"酒吧"内有植物墙，它为如何在当代城市生活中实现自给自足提供了一种颇为俏皮的方法。

这个想法是从一份简报中发展而来的，简报名为《可持续发展和城市园林环境下的横向思维》。其中许多构思，如：WSUD、回收利用、生物多样性和多产花园，都被设计师重新诠释和排布，从而找到一个在人类住宅和生态环境之间更和谐的平衡方法。

草皮设计工作室在攻克设计难题时使用了问答的方式。首先向自己提问：我们是否可以建立一个不依傍旁物、能够自我灌溉、达到可持续发展的垂直花园？这个点子完全超越了"绿色长城"。而要回答这个问题，就需要看一下草皮设计工作室对沙拉酒吧进行开发的基础条件：自给自足；减少生活环境；现代生活条件；水的回收利用。

建筑设计：草皮设计工作室（Turf Design Studio）

建筑师：迈克·霍恩（Mike Horne），斯科特·伊博森（Scott Ibbotson）

项目地点：澳大利亚，悉尼，新南威尔士州

房屋面积：25 m²

绿化覆盖率：65 m²

竣工时间：2004年

建筑成本：50 000 $

照片版权：西蒙·伍德（Simon Wood），迈克·霍恩，草皮设计工作室

所获奖项：2005年AILA（澳大利亚景观建筑师学会）NSW，园林研究交流优秀奖和园林环境优秀奖

自给自足，减少生活环境

垂直绿化的概念正蓄势待发，特别是在空间有限的情况下，这和建筑学中的塔楼是一样的，向上发展可以最小化建筑的占地面积。沙拉酒吧正是如此，不同的高度可以种植不同的植物物种，关乎人类生计的蔬菜也榜上有名，在垂直墙面上占据了一席之地。对现代人而言，菜地是超市，家庭花园不是没有就是利用不够。不过沙拉酒吧这次对菜地做了再开发，将菜地插入到现代园林之中，并且减少其对乡村农业耕种方式的依赖。

原型开发过程

项目在设计阶段就对潜在的结构设计方案进行了评估。经过评估，木材是最经济实惠、方便易得且适应性强的材料，因此也最终被确定为建筑材料。

设计过程中也准备了一个包括三维CAD模型的完整文档集。相关文件发给了木材木工公司，由他们准备出在现场组装的零件包。这样一来，原型就仅剩土枕了。土枕要经过厚度、重量、凹陷和侵蚀等一系列的必要测试，才能达到最佳标准。实践证明，要把土枕放在垂直的位置上，还使它不掉下来是一项艰巨的任务。他们尝试了许多方式，包括使用草膜覆盖，但是大多数方式都无法使植物正常生长，最终反而是最简单的方式解决了问题，即用两根木棒交叉插入土枕表面，原理就好比用皮带提起一条牛仔裤一样。

不过这还不是最困难的任务，储水和排水才是。设计师想了很多办法，最终的解决方法是设置一个防水托盘，它可以收集流经整个体系的水，并将它们重新引入到中央水库之中。

生态理念：

沙拉酒吧可以在城市环境中保持自身的可持续发展，它通过回收雨水、食物以及装点过的垂直墙壁为自身提供能源。

Ecological idea:

The Salad Bar enables sustainable living in an urban environment by recycling rain water and providing a food source as well as a decorative vertical wall.

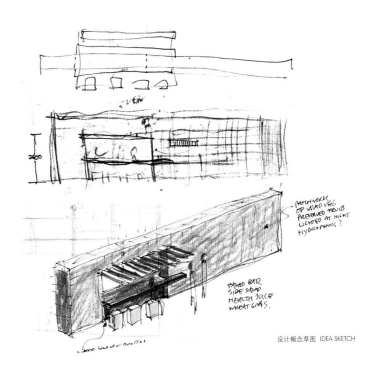

设计概念草图 IDEA SKETCH

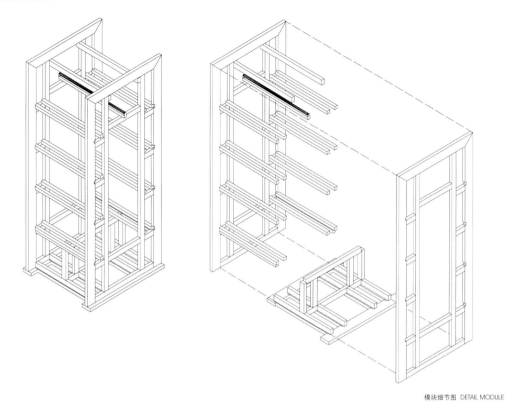

模块细节图 DETAIL MODULE

植物土枕由一个轻质网格型塑料结构模块构成，这种模块通常用于地下排水。除了模块外，土枕还含有一个轻质的有机和无机材料生长介质。轻质材料的应用，使每个土枕都可以由单人举起。木质框架则使用了坚固耐用的硬木。

简而言之，木制结构就是桁架系列与木板相连，形成架子，上面摆放了可以生长植物的土枕。

水循环利用

沙拉酒吧会收集雨水，并将其回收利用，这有利于保护水这种最为宝贵的资源。收集到的水储存在墙基的一

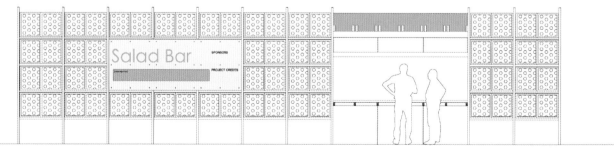

立面图 ELEVATION

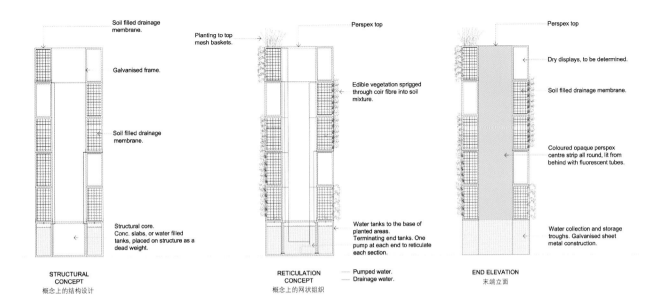

STRUCTURAL
CONCEPT
概念上的结构设计

RETICULATION
CONCEPT
概念上的网状组织

END ELEVATION
末端立面

个中央水库中，然后通过泵送入滴灌网络系统，为每块植物土枕提供水分。灌溉系统上安装了一个计时器，保证提供的水足够滋润每个土枕，但又不至于太多。每个土枕中都包含着一个水龙头，它可以根据气候条件对水量进行调整，以保证额度恰到好处。使用后的水通过该系统过滤，经由光亮闪烁的一层回到水库中。

调节

沙拉酒吧自身具备的调节方法使其可以适应各种各样的空间环境。整个结构经过调制可以根据各个分区进行建造。此外，彼此独立的土枕便于"翻新"，可以根据季节或个别品种对阳光和水分的要求，移除或补种植物。土枕的尺寸还可以调节，无论是无法胜任耕种劳动的老年人还是喜欢杂七杂八都种点儿的小孩子，他们完全可以选择适合自己大小的土枕，享受栽种植物的乐趣。

对未来的影响和机遇

沙拉酒吧除了其目前具有的形式，还可以发展为我们未来城市环境的重要组成部分，包括在住宅、商业和建筑方面的应用。虽然就现阶段而言，线性绿化建筑稍显未来主义，但是在不远的将来，"沙拉酒吧"模式就可以实施在住宅和商用建筑上了。

住宅开发包括太阳能水泵灌溉、堆肥托盘和蚯蚓农场，它们能回收营养物质和废物，提供工具储物箱、授粉箱以及烧烤工具。雨水通过垂直生物滞留系统进行处理，而且灰水处理也非常具有应用的潜力。

作为自成一体的建筑，它的潜力无可限量。它可以作为城市或住宅区内群房景观的一个功能多样的构建，或者它也有可能成为一个或两个住宅的边界系统，使它们共享其绿色空间。

对于垂直花园来说，能限制它的只有天空的高度。

THE FOUR HORIZONS-"AUTONOMOUS" HOUSE

四向视野——"自主的"房子

该项目位于澳大利亚东海岸，南纬33度，海拔430 m，处在一块面向东北的高达60 m的陡峭悬崖上。它是占地450 000 m²的森林的一部分，在纽卡索西侧内陆65 km处，处于瓦塔干国家公园的北段，从此处可以俯视低处的亨特山谷。这里气温的变化，冬季为4~12℃，夏季是14~38℃。主导风向及风暴主要来自南方和东南方向，夏季有凉爽的东北风。年平均降雨量为1 100 mm。

场地中除了缺乏主要的市政配套设施：自来水、主要电网、下水道、电话，也没有任何管道及有线服务。项目的目标就是设计并建造一栋可以克服这些困难的房屋，且尽量减少施建、使用及维护过程中的能源消耗，同时避免对自然环境的影响。建筑实施的基本前提就是要廉价，它可以自行搭建（这就要求建筑形式、内部陈设和表层材质要尽量简化），采用大屋顶提供遮阳，对雨水进行收集，使用不可燃材料，保证建筑本身在丛林火灾中可以完全封闭；地板既能防火又可以作为蓄热材料，同样作为蓄热材料的还有砖石结构；由于建筑置身于非常显眼的环境中，所以选择了低矮结构，以减少建筑的视觉冲击力；太阳光线只在冬季从东

建筑设计：林赛·约翰逊建筑师事务所（Lindsay Johnston Architect）

建筑师：林赛·约翰逊（Lindsay Johnston）

项目地点：澳大利亚，新南威尔士

居住面积：房子的围合空间182 m²、开敞通风空间72 m²，外围建筑150 m²

建筑成本：自建，低成本

竣工时间：2004年

照片版权：林赛·约翰逊

所获奖项：澳大利亚建筑学院，新南威尔士，环境奖

北和北方射入，其他季节均有阴影进行遮阳。由于计划是 "安居于此"，所以房屋中还包括了以下几个部分：可容纳4辆车和4匹马的车库与马厩各一个，一个带围墙的菜园，围墙是为了阻挡当地的帚尾岩袋鼠、袋熊、针鼹和其他野生动物。

建筑的主要特征是使用了出现于澳大利亚的早期、早已被淡忘的双屋顶或称之为"飞屋顶"的结构，其特点是在屋顶下方有两个完全独立的单独居住模块。这个屋顶、车库和马厩，使用克罗帕诺公司出产的标准农用钢架大棚，由20 mm直径钢管和5×50方钢构成简单的柱网屋顶，全部材料都经过镀锌处理。主要的屋顶和棚舍都覆盖着标准的银色新卡鲁姆波纹钢板，这是与当地规划部门据理力争的结果，它体现出了此项目与传统澳大利亚农场住宅一脉相承的关系，而且银色屋顶的热性能要优于传统一贯采用的深色钢板。大块新卡鲁姆钢板经过弯曲形成的水槽和脊喷口增强了棚舍的美学效果。现存炉腔和由大量回收砖砌成的火炉被保存了下来，并形成了两个住宅单体之间中心廊道的中心景观——中心廊道覆有顶棚，在相对温和的气候中，适合生活的开敞空间。房屋主要外立面朝向东北33度（太阳在北方），冬季日照可以射入生活区，而夏季日照则被屋檐遮挡。墙体和地板中的蓄热体在冬天可以有效地储存热量，而在夏天则能储存"凉爽"。

服务

在设计和建造的过程中，通过一系列英明的决策，将建筑的能源使用需求量降到最低。项目的能源包括太阳转换成的电能和热水、瓶装LPG（液化丙烷气），以及用于运行备用发电机的柴油和林地上用之不竭的木柴（从而减少林火风险）。房屋此前并不是绝对的自主性建筑，它需要额外投资来增添太阳能电池板和一台风力涡轮机之类的设备，来减少液化石油气和柴油的使用量。

环境性能

热性能。夏季，保持通风的"飞"屋顶和屋檐出挑能够中和太阳的过多热量，而蓄热质和保温隔热材质，可使室内环境温度保持在可接受的水平。从东北方吹来的夏季海风可以通过走廊贯穿房子的中心。冬季，一到日出时间，阳光就能透进屋子，为混凝土地板和"热墙"加温，蓄热质和保温材料（以及温暖的窗帘）在夜间可以保存热量。房屋北面是大窗户（太阳在北方），南面是小窗口。水箱被置于住宅西侧，这里也保留了许多树木，在夏天可以提供荫凉。走廊南侧可以闭合——这样一来，房子可以将其后侧转向盛行的偏南风。室内外温度的热量监测系统已经实施了一个完整的季节性周期。在炎热

生态理念：

虽然在乡野之地建造一处自给自足的独立别墅可以算作是一种可持续的生活方式，但是在建筑中所体现的低能耗和可持续设计带来的积极效应，会被未来使用私家车前往工作场所、文化教育设施和商业设施所产生的能耗抵消。若真要实现可持续生活方式，就要求人们能够通过步行、自行车或搭乘公共交通到达学校、办公室、商场和剧院等。

Ecological idea:

It may appear that a self-sufficient autonomous house located in a rural location is the answer to sustainable living, but although one can demonstrate low energy and sustainable design and construction practices, these are neutralised by energy consumption in transport to work, culture, education and shopping using private cars. Sustainable living really demands the ability to walk, cycle or use public transport to school, office, shops and theatres.

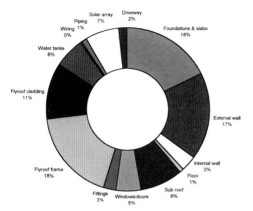

体现能源分配的元素 EMBODIED ENERGY DISTRIBUTION BY ELEMENT

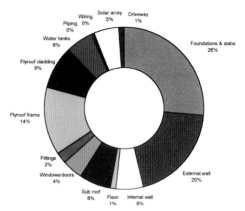

体现温室气体排放的元素 EMBODIED GREENHOUSE GAS EMISSIONS BY ELEMENT

的夏季，内部日间温度与外部温度的差值高达12℃，室内外温度分别为26℃和38℃。而在寒冷的冬季早晨，内外温度差值最高可达10℃，届时室内外温度分别为14℃和4℃。

能源消耗和温室气体排放
共计4.18吨 CO_2e/a。以下情况的"能源"消耗无法计算：太阳能光伏板提供的电能；用于加热水的太阳能；用于后备发电的柴油；加热水，提供烹调和冰箱所需能量的备用瓶装液化气；从森林收集的废木料用于空间加热。温室气体排放量的计算是环境绩效评估的手段。四向视野处在20%～40%的范围内，是"典型"的澳大利亚房屋。它可以通过增加设备投资增添太阳能电池板和提升一台风力涡轮机的性能。

建材或嵌入式能耗
整个项目完成后，进行了建材能耗的审计。房屋的建筑能耗，除去外围构件（马厩、车库和带围墙的花园）为492GJ，平均2.0～2.7GJ／m^2（房屋面积的测量方式见上文）。与之相比，澳大利亚标准的砖木结构单层住宅的建材能耗为2.5～2.7GJ／m^2。建材能耗转化为60万吨的二氧化碳排放量，以房屋寿命为40年计算，每年平均为1.5万吨。

按40年生命周期计算，建材能耗的排放量与能源使用的排放量分别为35%和65%。在谈论此项内容时，20/80是经常被引用的数值，但是随着能源使用排放量的降低，建材能耗所占的比例变得更加突出，值得密切关注。

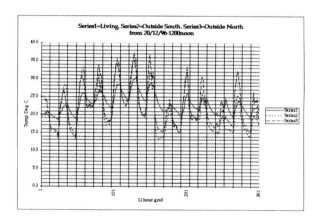

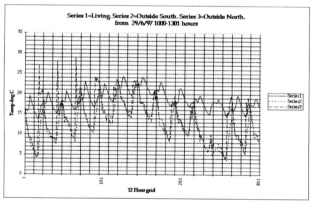

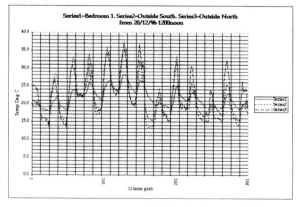

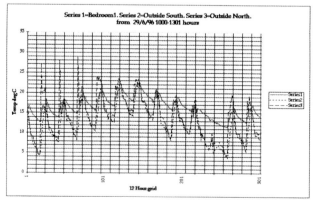

THERMAL GRAPHS LOGGING ACTUAL INSIDE AND OUTSIDE TEMPERATURES - TOP LIVING AREA, BOTTOM
热图表记录的实际内外温度（上：活动区，下：主卧室，左：夏季，右：冬季）MAIN BEDROOM, SUMMER LEFT AND WINTER RIGHT

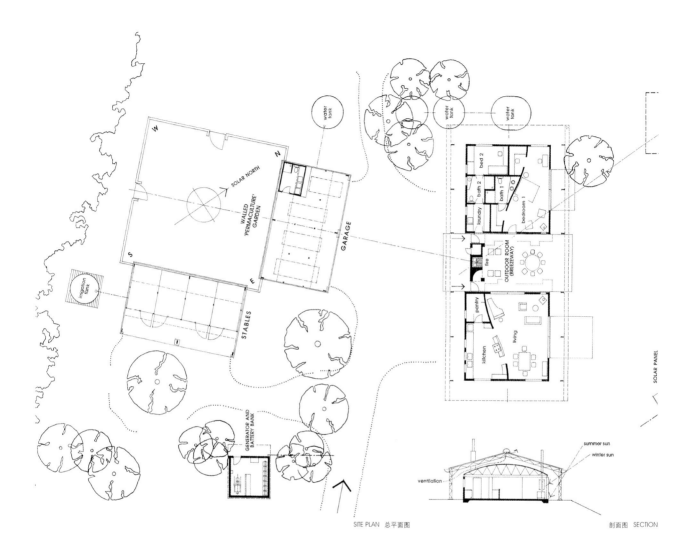

SITE PLAN 总平面图

剖面图 SECTION

材料选择和私人交通

为了应对树林火灾、白蚁并且避免有毒化学处理，虽然具有潜在的争议，但是建筑在结构、覆层以及窗户上还是使用了钢材和少量的铝材。这两种材料都经久耐用并且可以回收。项目为比较钢材和铝的建材能耗以及私人交通所消耗的能量，特意进行了一项分析（在这段时间内，林赛·约翰逊每天往返大学，单程路程就有55 km）。按40年周期计算，铝材的建材能耗为0.7GJ/a；钢材的建材能耗为7.0GJ/a；如果不使用V8跑车，而是开一辆双缸650 ml的萨巴鲁，每年可以节省70GJ。

"3E" - ENERGY ECONOMY ECOLOGY

环境工程学院的"3E"（经济·节能·环保）研究与教学综合楼，是弗罗茨瓦夫理工大学中最先进的可持续性建筑。该综合体的主楼是一座零能耗教学楼，内设演讲礼堂、会议室和实验室。此外，大楼还将举办长期展览，展出各种现代化的环保技术、设施和材料。同时，这里也是建筑节能和可再生能源使用的教学研究实验室。

建筑的设计源于对能源和生态方面的要求。经过设计，其高性能的形式可以优化建筑对太阳能的利用，达到寒冷时减少热损失、夏季炎热时防止气温过高的目的。所有建筑材料均为环保材料，其中大部分是可回收的，而且保证对人体健康无害。建筑的能源来自太阳、地面和水。建筑系统还有实时监控的功能。

利用智能楼宇管理系统（IBMS）就可以看到能量收集、累积和使用的过程，并对其进行监督和监测。自动化控制的数字系统（BEMS楼宇能源管理系统）通过对可用能源的优化和被动式能源系统的利用，保证了建筑节能的最大化，且在冬夏两季可以防止建筑温度过高或过低。建筑按照计划会以最佳方式产生并存储能源，保持最佳的供应参数且选择当前条件下价格最低廉的能源。这些能源可以来自光伏电池，它们被安装在建筑外墙的移动遮阳系统上。风力涡轮机也能够产生电力，其动力由太阳能烟囱中的空气对流提供。屋顶和立面上的太阳能集热器产生的能

建筑设计：库克扎建筑事务所（Kuczia）

建筑师：彼得·库克扎（Dr. Peter Kuczia）

项目地点：波兰，弗罗茨瓦夫

场地面积：8 000 m²

建筑面积：4 400 m²

预计竣工时间：2013年/2014年

所获奖项：2011年波兰"绿色建筑委员会"
竞赛可持续发展最佳概念奖一等奖（波兰，克拉科夫）

源则用于建筑采暖、提供生活热水和空气制冷。由相变材料（PCM）制成的能量积聚管道可以在日间吸收热量，到了夜晚再将其释放。采暖和制冷所用的能量储存在地下储量库，为水或冰的形式。中庭的遮阳系统起到防止室内过热的作用，双屋顶则变成了空气集热器，在SDEC中心为制冷提供电力。通风与空调的混合系统降低了这两部分各自需求的能源使用量。空气吸收热量后上升，首先进入中央传出管，之后被引入一个太阳能烟囱中进行能量循环利用。建筑安装的热泵可以在冬季提供热能，在夏季则获得免费的制冷（自然冷却）。

建筑室内的墙壁、天花板和地板均为热激活材质；外层材质则注重保温隔热（外墙导热系数约为0,1 W/m²·K）。屋顶有大面积的绿化，雨水也被收集起来用于冲洗厕所。

"3E"综合体的设计，是一次跨学科的合作，正是由于建筑师与学院科学家团队之间的密切配合，才有了最终的这栋建筑。作为教育建筑，它可以起到宣传作用，成为一个旗舰项目，促进节能和生态建筑的理念向全国各地推广。

生态及能量特点

·形体优化/空间分割

建筑形体经过结构优化可以减少热损失，增强太阳能采集。同时，最重要的是满足功能和建造方面的要求，最大限度地提高舒适度。建筑布局以方形为基础——令室内分隔墙体积最小化；加热后的体量是一个紧实的长方体。

·建设温度分区垂直排布

以自然方式进行，从底层入口起至技术区止，冷（较重）空气位于建筑最下层（类似爱斯基摩人冰屋入口处的隧道）。

·斯韦托维德——4+1表面/光伏（PV）的建筑

根据太阳方向设计的独特外墙：在东、西立面，大型透明嵌板，配备了垂直角旋转百叶窗（其角度可以提供最大限度的阴影，表面覆盖的光伏可发电）；

生态理念：

此项目体现了最为现代的设计趋势——也就是所谓的"一体化设计"。

自设计伊始（可以说是从草图的第一笔开始）它就由一个跨学科的综合团队负责，团队成员包括一名建筑师和将近30名研究人员，涵盖了环境工程的整个范围，与建设操作密切相关，甚至包括了诸多领域的专家，涉及太阳能、地热能、通风、空气调节、供水系统、灰水及雨水利用、污水生物处理装置等。

Ecological idea:

This project is an example of the most modern design trends brought to life – so-called 'integrated design'. From the very beginning (literally from first line draught) it has been developed in border of interdisciplinary team composed out of an architect and approximately 30 researchers of an entire range of environmental engineering domains closely linked with the building operation, i.e. experts of i.a. solar and geothermal energy, ventilation and air-conditioning, water systems, grey and stormwater utilization, sewage biological treatment plants, etc.

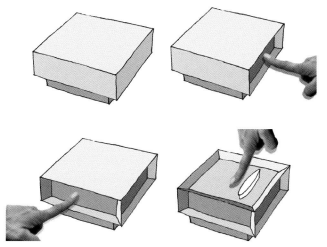

概念设计图 3E IDEA

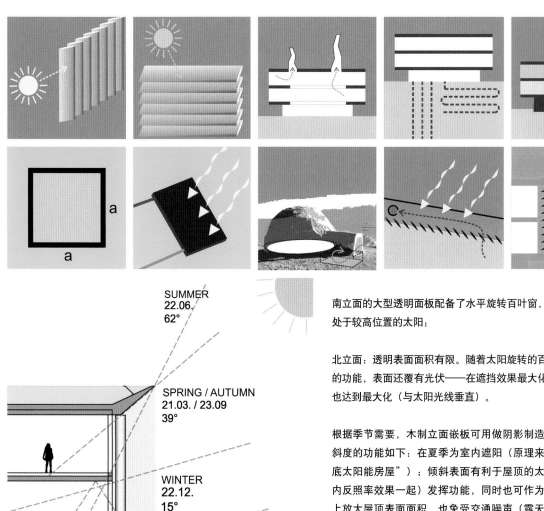

SUMMER
22.06.
62°

SPRING / AUTUMN
21.03. / 23.09
39°

WINTER
22.12.
15°

隔热方案细节图 INSULATION SCHEME

南立面的大型透明面板配备了水平旋转百叶窗，非常适合正午时分处于较高位置的太阳；

北立面：透明表面面积有限。随着太阳旋转的百叶窗，既有百叶窗的功能，表面还覆有光伏——在遮挡效果最大化的同时，电力生产也达到最大化（与太阳光线垂直）。

根据季节需要，木制立面嵌板可用做阴影制造构件。嵌板表面倾斜度的功能如下：在夏季为室内遮阳（原理来自"古怪的苏格拉底太阳能房屋"）；倾斜表面有利于屋顶的太阳能集热器（与室内反照率效果一起）发挥功能，同时也可作为栏杆并在视觉效果上放大屋顶表面面积，也免受交通噪声（露天演讲大厅）骚扰；从视觉上将建筑的每一面加以区分。

·自然通风系统
创新的建筑结构配备了自然通风系统，用于第一层和第二层（该理念未有先例）。

该系统也适用于太阳能烟囱，这些烟囱位于建筑向阳的3个立面中。特定形式的钢筋混凝土支撑支柱也同时被用做排气管。室内表层涂深色漆，与外墙表面齐平，表面覆盖厚度约为10 cm的透明保温隔热TWD。太阳加热管道内部，被加热的空气向上流动，形成通风气流。

循环进气口（被动）位于入口处，朝向上风口，从而减少地面上热交换器通风所需的能量。

·屋顶上安装集成太阳能烟囱

每个烟囱上放置着垂直风力发电机组（发电）。在设计时，希望开发一个太阳能烟囱中的气流和风力涡轮机的旋转相辅相成的体系（能量用尽的空气使涡轮机运转或者涡轮机带动低速通气机吸取废气）。

·基于各种不同的条件选择材料

即环境、能源、卫生、建筑和结构，如使用黏土作为施工材料，改善室内微气候，使用再生材料和当地木材等。

·屋顶绿化

改良小气候、雨水保存、声学和保温隔热、防紫外线屋顶/冰雹等，通过这些手段来创造、保护一个生态环境，从而产生积极的心理影响。

·保温隔热

无论建筑围墙的哪个部分，透明还是不透明，都履行了最高的保温隔热标准。如此一来，通过热桥损失，能量被大大减少，整栋大楼完全密封（在建筑通过鼓风机门测试运行之前对其进行控制）。

·配置节能设备

室内人工照明将主要使用最先进的LED和OLED技术。

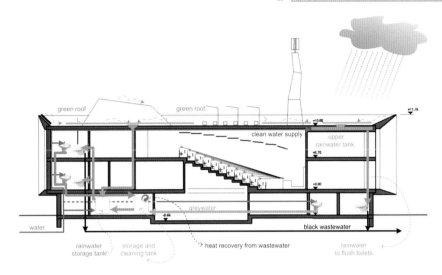

雨水管理图 WATER MANAGEMENT

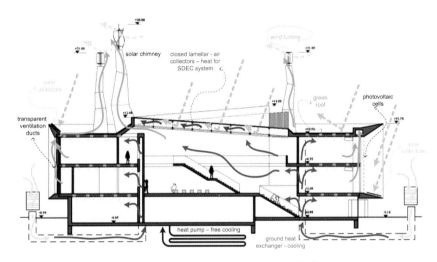

夏季能量管理图 SUMMER ENERGY MANAGEMENT

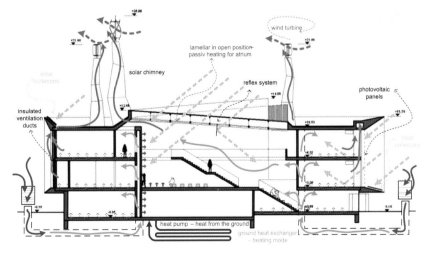

隔热方案 INSULATION SCHEME

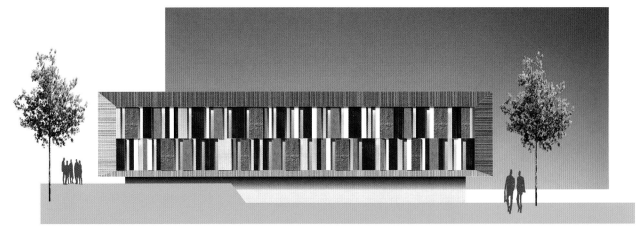

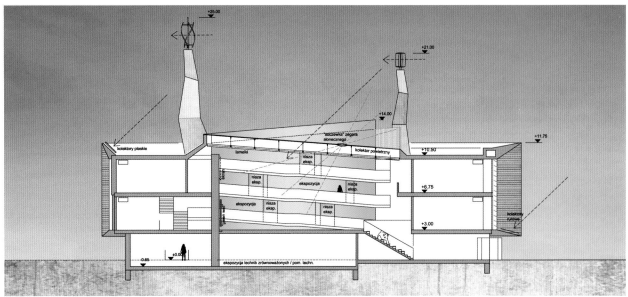

剖面图 SECTION

·自然采光是室内的主要照明方式

东面、南面以及北面立面的大片玻璃幕墙与透明的中庭空间，确保了室内阳光的充分传播，且其有如下特点：节约用电；改良操作的舒适性；在自我安抚上的积极的影响；高度舒适的视觉感受。此外，还计划申请光纤进行光运输。

·累积墙

大体量的建筑构件能起到缓冲的作用，同时也可以储存热量。有赖于这些墙体良好的热惯性，于是大大降低了室内过热的风险。

为了使温度的变化更加直观，设计人员计划在讲厅的正面墙体使用热感涂料，通过颜色变化将其显示出来。特别是可以展现出建筑构件受太阳照射和其他能量流的影响时发生的温度变化。

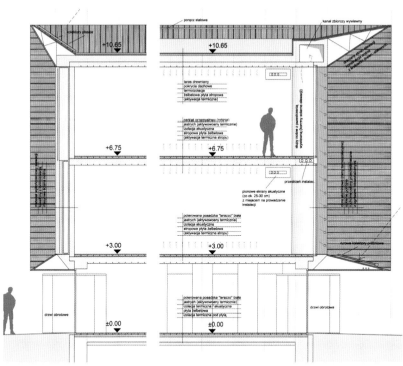

结构细节图 DETAILS

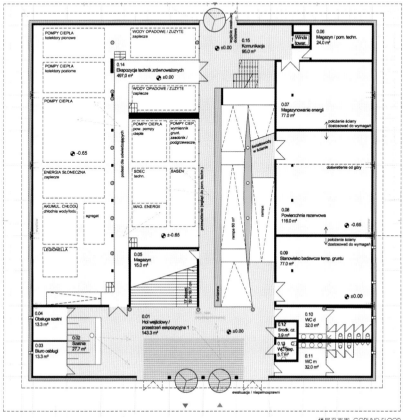

楼层平面图 GORUND FLOOR

索引
INDEX

多功能建筑　**MULTI-FUNCTIONAL BUILDING**

文化建筑　**CULTURAL BUILDING**